创造性思维创新与实践研究

覃事刿◎著

中国原子能出版社

图书在版编目 (CIP) 数据

创造性思维创新与实践研究 / 覃事刚著 . —— 北京：
中国原子能出版社 , 2022.5 （2024.4重印）
ISBN 978-7-5221-1959-5

Ⅰ . ①创… Ⅱ . ①覃… Ⅲ . ①创造性思维—研究
Ⅳ . ① B804.4

中国版本图书馆 CIP 数据核字 (2022) 第 080810 号

创造性思维创新与实践研究

出版发行　中国原子能出版社 (北京市海淀区阜成路 43 号 1000048)
责任编辑　徐　明
责任印刷　赵　明
印　　刷　北京厚诚则铭印刷科技有限公司
经　　销　全国新华书店
开　　本　787 毫米×1092 毫米　1/16
印　　张　7
字　　数　114 千字
版　　次　2022 年 5 月第 1 版
印　　次　2024 年 4 月第 2 次印刷
标准书号　ISBN 978-7-5221-1959-5
定　　价　60.00 元

网址 :http//www.aep.com.cn　　　　E-mail:atomep123@126.com

作者简介

　　覃事刚，男，42岁，湖南石门人，中共党员，硕士，副教授，现任湖南电气职业技术学院教务处处长、大数据与人工智能应用技术研究所所长，湖南省青年骨干教师，湘潭市科技创新智库专家，湘潭市智慧湘潭智库专家。长期从事计算机和先进装备制造方面的科研和教学工作，在计算机软件与理论、信息系统集成、大数据与人工智能等方面有较深入的研究，主持和参与国家自科基金重点项目、湖南省自科基金、社科基金等课题10项；在"机车自动化联锁控制""数据信息集成""智能控制开关""风电数据挖掘"等方向进行横向研究并取得成果；先后获湖南省级科技进步二等奖1项，国家级教学成果二等奖2项，省级教学成果奖4项，在《计算机集成制造系统》等期刊公开发表学术论文17篇，获发明专利授权3项，主编出版《大数据技术基础》教材1本；自主研发高校科研管理系统、内部质量保证体系诊断与改进数据平台、人才招聘系统、高职课程管理系统及考试平台等软件系统，获软件著作权登记10项。

前　言

　　人类文明的发展与人类的创造性思维有着密切的联系，创造性思维是人类发展进程中最重要的智力因素之一，创造性思维在人类征服自然、改造自然、适应自然的过程中发挥着重要的作用，使人类开创了前所未有的璀璨文明。创造性思维是以具有独创性、新异性的方式对现存问题加以解决的一种思维过程。创造性思维是以感知、记忆、思考、联想、理解等能力为基础，以综合性、探索性和求新性为特征的高级心理活动。具有创造性思维的人可以根据客观事物之间的内在联系揭示客观事物的内在本质，并且能够以此作为重要基础生成具有重要价值且新颖独特的思维成果。创造性思维可以不断增加人类知识的总量；创造性思维可以不断提高人类的认识能力；创造性思维可以为实践活动开辟新的局面。此外，创造性思维的成功，又可以反馈激励人们去进一步进行创造性思维。创造性思维成就了我们当今人类文明，并于创未来发展之路。

　　当前，我国进入了社会发展的新阶段。我国正在实施创新驱动发展战略，建设创新型国家，向创新型社会转变。在当前创新型社会的背景下，艺术创作更需要发挥创造性思维的作用。对于艺术设计师来说，艺术构思和创作是在创造性思维的基础上，同时注重对工艺制作技能的学习和应用，才能从中获取经验并不断修正和完善，才能获得更多的创意灵感，创作出富有新颖性、开创性的艺术成果。

　　鉴于此，笔者撰写了《创造性思维创新与实践研究》一书。第一章阐述了创造性思维，第二章阐述了创造性思维的创新训练技法，第三章阐述了创造性思维的深化技巧，第四章探究了设计中的创造性思维体验，第五章探讨了观念艺术中的创造性思维。

本书由湖南电气职业技术学院覃事刚著。其资助基金：湖南省哲学社会科学基金教育学专项课题（SJ17B31）、湖南省职教高地建设理论与实践研究课题（ZJGD2021018）。

笔者在撰写本书的过程中，借鉴了许多专家和学者的研究成果，在此表示衷心感谢。本书研究的课题由于时间仓促，加之编写者水平有限，难免有一些疏漏和不足之处，希望广大读者给予批评指正，笔者深表感激。

目　录

第一章　创造性思维 ·· 001

　　第一节　创造性思维的概念及特征 ····················· 001

　　第二节　创造性思维的基本类型 ························· 004

　　第三节　创造性思维过程 ······························· 025

　　第四节　创造性思维需要突破的障碍 ··················· 027

第二章　创造性思维的创新训练技法 ······················· 035

　　第一节　智力激励法 ··································· 035

　　第二节　逻辑推理法 ··································· 038

　　第三节　组合法 ······································· 044

　　第四节　TRIZ 法 ······································· 050

第三章　创造性思维的深化技巧 ··························· 058

　　第一节　打破思维惯性 ································· 058

　　第二节　突破思维象限 ································· 061

　　第三节　挖掘思维潜力 ································· 067

　　第四节　搭建思维桥梁 ································· 072

第五节　倒转思维方向 ·· 075

第四章　设计中的创造性思维体验 ·· 079

第一节　实验中的创造性思维体验 ··· 079

第二节　情景中的创造性思维体验 ··· 084

第三节　约束中的创造性思维体验 ··· 089

第五章　观念艺术中的创造性思维 ·· 094

第一节　基于问题的观看与创造性思维方式 ································· 094

第二节　基于问题的观看与创意思维方式 ····································· 095

第三节　基于形式的观看与创意思维方式 ····································· 096

第四节　基于系统的观看与创意思维方式 ····································· 097

第一章　创造性思维

第一节　创造性思维的概念及特征

一、创造性思维概念

创造性思维，是指具有鲜明开创性的一种思维活动，即对人类认识领域加以开拓，令人类认识成果得以更新的思维活动。创造性思维需要以多种能力作为其思维根基，如感知、思考、理解、记忆、联想等，并且是一种有着突出的求新性、综合性、探索性的人类高级心理活动，它的实施离不开人的脑力劳动。若想得到创造性思维成果，必须长期付出艰苦的努力，积极展开探索，并且还要拥有丰富的知识储备和超强的素质，因而创造性思维过程则与知觉、推理、联想、想象等思维活动有着极为紧密的关联。

具体而言，创造性思维指的是以具有独创性、新异性的方式对现存问题加以解决的一种思维过程。创造性思维可以对客观事物的内在本质以及它们之间的内在联系加以揭示，并且能够以此作为重要基础生成具有重要价值且新颖独特的思维成果。在人类的创造力构成中，创造性思维无疑居于核心地位，是人类思维中较为高级的一种形式，并且也体现着人类最高的思维能力，我们可以将其视作人类意识发展水平的标志。

二、创造性思维的特征

创造性思维的特征与普通思维活动的特征有重合之处，但创造性思维又有着普通思维活动所不具备的独特特征。以下将从八个方面对创造性思维的特征进行具体阐释。

（一）对传统的颠覆性

首先，创造性思维要求创造者不固守既有的思维框架。人类个体若是运用创造性思维进行思考，那么就要先自主"清空"固有的思考问题的模式和程序，尽量避免以往的思路给自己的思维设限，并且主动挑战和质疑原本陈腐、僵化、得到普遍认同的观点，从而有可能另辟蹊径，得到自己理想中的创意。个体原本的思维框架从某种角度来说对于人进行深度思考问题十分有利，能够让人在思考时少走弯路，让效率得到提升；但毫无疑问，它也会给人的创造性思考造成桎梏。所以，不管创造者面对的是新问题还是老问题，都要摆脱思维框架，力求从新角度、新程序、新模式等对问题展开探索。

其次，创造性思维要求创造者突破自身思维定式。创造者的思维定式通常来说是源于其自身的各种经验，是对过往的得失经历加以总结并逐渐形成的某种"正确思维"。但若是环境出现了变动，那么这种思维定式可能就无法派上用场了，且不论思维定式往往会阻碍人们形成创造性思维。由此可见，若是创造者无法突破既有的思维定式，就要受到它的束缚，从而无法得出优质的创造性成果。

最后，创造性思维要求创造者突破人类当前的物质和精神文明成果。从物质文明的角度来说，对其加以突破就意味着新产品的诞生，也就意味着科研人员在思维上要勇于突破既有产品所取得的成果。从精神文明的角度来说，对其进行突破就意味着新文明、新理念等的诞生。无论是狭义相对论的建立，还是哥白尼"日心说"的提出、牛顿"万有引力"定律的发现等，历史上的重大发现或重要理论都无不体现了对既存的物质文明成果或精神文明成果的突破与创新。

（二）思路的创新性

创造性思维的目标主要体现在求新、独特方面。思路的创新性具体指的是创造者在思路和思索技巧方面有着不寻常之处，也就是说有着显著突出的开拓性和首创性。思路具有创新性要求创造者积极突破和超越既有的方法，通过独立思考逐渐探索出具有自身独特性的观念和见地，进而对既有成果有所突破，敢于打破常规，尝试从新角度看待问题，从而形成新的思维成果。

（三）程序的跳跃性

创造性思维通常在不符合常规与逻辑思维的情况下出现，它往往有着不严密的特点，甚至无法对其进行准确解释。所以，在创造性思维出现时，其逻辑推理环境并不是完整的，还伴随着鲜明的跳跃性。因为创造性思维在程序上具有非逻辑性，很多思维环节都有所欠缺，因而初步看上去会令人感到茫然和离谱。应当说明的是，创造性思维的过程其实是逻辑思维和非逻辑思维二者结合的一个过程。在创造性思维活动中，新观念的提出和问题的突破，往往表现为从"逻辑的中断"到"思想的飞跃"，一个质变到量变的过程。这通常都伴随着直觉、顿悟和灵感的产生，从而使创造性思维具有超长的预感力和洞察力。

（四）内容的综合性

创造性思维活动通常将前人的研究成果作为不可缺少的根基，并且在他人的思维成果基础上加以综合性的开发和利用。通过科技发展史我们可以知道，那些能够对前人思维成果进行高度综合利用的人，往往能够取得重大性突破，取得不同程度的胜利，进而为社会做出一定的贡献。总的来说，综合是创造性思维活动的一个重要方法。

（五）视角的可变性

创造性思维的视角在不同条件下能够及时地做出改变，且能够不被思维定式所局限，可以积极地通过新的角度来看待问题，积极地进行变通和转化，并对信息作出全新的解释。它对僵化的教条寺反对态度，主张从当前特定的条件及对象出发，灵活运用不同的思维方式和角度来看待特定问题。创新视角有着多种可能性，创造者要积极对视角进行转化，学会用不同的角度和思维来看待问题，或许会有意想不到的收获。

（六）目标的指向性

在创造性思维活动中，所面对的创意问题往往会对创造者产生极强的吸引力，令其全身心地投入到创造性思维活动之中，甚至忘掉外部的一切。对沉迷于创造的个体来说，他的全部生活都将创造视为中心，从而对生活中的其他事物有所忽略。简要来说，对社会越有意义的创造性思维成果，就会对创造者产生越大的吸引力，创造者沉迷其中的程度也会越深。

（七）对象的潜在性

尽管创造性思维活动将客观存在的物质和活动作为具体的出发点，但是它从根本上来说指向的是一个未经实践和发现的潜在对象。创造性思维的对象或许初为人知，是当前未被人们所探索和认识的客体，人们不清楚其具体状况，只能通过猜测来了解，或者人们尽管已经对该事物形成了特定的认识，但此种认识尚待完善，并不十分全面，在广度和深度二都有所欠缺。但无论是何种情况，毫无疑问的是，这些客体有着突出的潜在性。

（八）创造性活动的风险性

由于创造性思维活动是一种探索未知世界的活动，因此要受到多种因素的限制和影响，如事物发展及其本质暴露的程度、实践的条件与水平、认识的水平与能力等，这就决定了创造性思维并不能每次都能取得成功，甚至有可能毫无成效或者得出错误的结论。创造性思维活动的风险性还表现在它对传统势力、偏见等事物的冲击上，传统势力、现有权威都会竭力维护自己的存在，会对创造性思维活动的成果抱有抵触的情绪，甚至仇视的心理。但可以说是，风险与机会、成功并存。消除了风险，创造性思维活动就会变为习惯性思维活动。

第二节　创造性思维的基本类型

一、形象型创造性思维

（一）形象思维

1.形象思维的概念

形象思维指的是运用直观形象和表象对问题加以解决的一种思维。它有着突出的完整性、形象性、跳跃性特征。形象思维的基本单位是表象，它是用表象来进行分析、综合、抽象、概括的过程。当人们利用已有的表象解决问题或借助于表象进行联想、想象，通过抽象概括构成一幅新形象时，这个思维过程就是形象思维活动。

借助表现展开思维活动，对现存问题加以解决的办法就是形象思维法。举例来说，当个体到外地旅行的时候，他需要对交通、环境、气候等诸多方面加以考虑，并且确定出最合适的旅行路线，并思考在旅途中适合穿什么样的衣着等等，这种借助表象所实施的思维活动其实就是形象思维。从学习的角度来说，无论是何种科目，无论所学习的内容具有多强的抽象性，若是离开了形象思维的支持，都无法顺利地开展和实施。

形象思维的开展不仅需要作为材料的表象，还需要生动的语言的参与。形象思维分为初级形式和高级形式两种。初级形式称为具体形象思维，就是主要凭借事物的具体形象或表象的联想来进行的思维活动。高级形式的形象思维就是语言形象思维，它是借助鲜明生动的语言表征，以形成具体的形象或表象来解决问题的思维过程，往往带有强烈的情绪色彩。其主要的心理成分是联想、表象、想象和情感，但它具有思维抽象性和概括性的特点。言语形象思维的典型表现是艺术思维，它是在大量表象的基础上，进行高度的分析、综合、抽象、概括，形成新形象的创造，所以，形象思维也是人类思维的一种高级和复杂的形式。

2. 形象思维的分类

具体来说，根据不同的依据，形象思维能够被分成多种类别，但要点在于找出它们的不同运动形式及其内部固有的次序。因此，就形象思维发生的实践活动原因及结果，结合其内部构造运动，可以总分为自发性和自觉性形象思维两大类，每一大类中又可依据同样的原则再划分为若干类及附属的子类。

（1）自发性形象思维

作为一种形象思维活动，自发性形象思维具有明显的随意性。生活中很多思维活动都能够归为该范畴，例如偶然出现在头脑中的不具有明确的形式和目的的记忆活动、形象反映，梦中的种种景象等。这些活动的出现往往是由于受到了外部的刺激，并在不自主的情况下出现的。它们都不产生一个明确的结果，少量活动带有某种微弱和朦胧意识，例如选购商品、行路识别、实物标记、遇见似曾相识的面孔回忆起某人等，也往往因为目的不明确、不强烈而随时改变思路，很快消失。所以，自发性形象思维活动虽然最广泛，但由于其随意性、盲目性较大，表现出无计划无系统性，对于认识和改造世界的实践价值不大，因而作为一般脑神经学和思维学来说仍然需要加以研究。而对于探求认识和创造世界规律的形象思维学来说，就不是重点研究的对象。

（2）自觉性形象思维

自觉性形象思维这种思维活动是人们有意识地开展的，它有着既定的目的，并且最终会生成某种结果。它有着突出的知识性特征。详细而言，可以将其具体划分成以下两个类别：

第一类是人类实践经验活动中的形象思维，这主要是指体力劳动和技巧活动中的某些形象思维。例如制造一定生产工具和用具的各种手工劳动和体育活动技巧等，都需要有一定形象思维的出现和配合才能完成。所以，它是人类生产生活中经常和大量运用的一种有意义有结果的形象思维。需要指出的是，这种熟能生巧的经验和技术，都是经过一段观察体验想象活动，在长期的形象思维和实践活动中对外界事物的形象信息不断摄入、感受、储存和调整、控制，最后才能逐步逼近目标，达到得意忘形的地步。所以，它们也是形象思维的一种成果。而且，这种思维过程由于人平时都储存有一定的观念意识信息，技巧者都有相当的感性知识，这才可以不断加以鉴别、调整，最后形成新的经验。实际上，其形象思维的运动形式是一定的感性知识同输入的形象信息不断矛盾对立，在内外反馈运动的作用下达到两者的结合的。所以常常有能意会难言传的感觉。因为这种结合不是用科学道理去理解形象的运动和结构，而是凭直观经验，故而形成的只是些经验形式的知识而不是科学理论。我们可以把这种自觉形象思维称之为经验性、体会性形象思维，它的形象信息的组合排列基本上是对原物的仿制和模拟，很少以真知灼见去肢解它们进行不同形态的重新创造。所以，其结果虽也形成一定成品，但主要是对客体对象的仿制、模拟，或者是主体与之的适应和协调。其中意识起着促进作用，但不表现在成品中，也没有开拓出一个完全新的形象和领域，因而其认识、审美和创造价值都相对有限。仿制不及创造，模拟不如独创，工艺不如艺术，在思维的内容和方式上就决定了这种特点。因为归根到底它探究到的是对象世界各种事物的外部或表层的东西，而不是内在的本质性的联系和规律，即使这种实践经验是完全正确可靠的，但也没有揭示出其中所蕴含的科学道理。农业、手工业生产经验以及中医的诊断经验等都是这样。脏象学有许多精彩的医学原理，如关于心、肝、脾、肾、肺五脏的相生相克说，就既合乎实际，也符合生理功能的相互生化和制约的特点。但这种论述对它们的物质基因仍没有科学的说明，而只停留在经验性的猜测描述上。所以，这些形象思维又可称为经验性、描写性模仿形象思维，它们还不是真正科学意义上的创造性思维。

第二类就是自觉的创造性形象思维。它有着十分广泛和表现和应用领域。我们能够将其概括为以下几个方面：第一是物质生产领域新产品设计过程中的创造性形象思维。新产品设计有两种情形，一是对旧产品的改进或改造，二是一无依傍的全新创造。前一种可称半创造性形象思维，因为它们都有一个原型做模型，较后者难度小。但不论哪种设计，都需对摄入的形象信息进行独创性的加工改造、重新组合才能成功。第二是科学理论研究活动中的创造性形象思维。这个问题过去一直有争论，不少人否认科学活动中有形象思维。其主要原因是习惯于把科学思维同艺术思维两者对立起来，看成是抽象思维的同义语。实际上，抽象思维概念的内涵和外延不等于科学思维，艺术思维概念的内涵和外延也不等于形象思维。有时为了说明科学与艺术的不同，以科学思维与艺术思维对举是可以和必要的。第三是艺术实践活动中的创造性形象思维。这是一个老生常谈的问题，不少学者已经对它从不同角度进行过分类研究，这里不再赘述。

（二）联想思维

1. 联想思维的概念

联想思维指的是人类大脑在一些因素诱发之下，记忆表象系统中不相同的表象彼此之间构成联系的一种思维活动。联想思维和想象思维二者彼此互联共通，都是人类思维活动中所不可缺少的部分。

2. 联想思维的分类

一是接近联想。若是不同事物在时间或者是空间上都十分相似，那么它们往往容易成为人们联想的对象。

二是相似联想。由于意义、性质或者外形比较近似而引发的联想，通常都被归为相似联想的范畴。

三是对比联想。因为事物之间存在不同之处或者是事物之间全然对立所引发的联想，通常都被归为对比联想的范畴。

四是因果联想。若不同的事物之间彼此互为因果，那么由此引发的联想一般来说被称作因果联想。通常处于这种联想中的事物是可以彼此推想的，也就是说，既能够从成因出发联想到结果，也可以从结果出发联想到成因。举例来说，清晨地面上湿漉漉的，就由此联想到晚上下雨了。

五是类比联想。也就是在对比不同事物的基础上实现事物的创新。其特点是以大量联想为基础，以不同事物间的相同、类比为纽带。

3. 联想思维的特征

第一，联想思维具有连续性。联想思维往往是接续的、由此及彼的，也可能是直接的，或者是曲折、跳跃的，因此在很多时候，联想的起点和终点的事物可能在现实世界中并不存在较大的关联。

第二，联想思维具有形象性。由于联想思维是形象思维的具体化，其基本的思维操作单元是表象，是一幅幅画面。所以，联想思维和想象思维一样显得十分生动，具有鲜明的形象。

第三，联想思维具有概括性。联想思维可以很快地把联想到的思维结果呈现在联想者的眼前，而不顾及其细节如何，是一种整体把握的思维操作活动，因此可以说有很强的概括性。

（三）直觉思维

1.直觉思维的概念

直觉思维指的是将感知作为重要根基，并对各种心理功能、心理因素加以综合运用的一种创造性思维。和逻辑思维、形象思维一样，它也是人类个体的一个基本思维类型。无论是在现实工作、文艺创作、科研还是教育等领域，直觉思维所发挥的意义都不可小觑。

2.直觉思维的分类

直觉思维能够细分为下列两种类别：一是艺术直觉，即艺术家在进行艺术创作的时候从个体形象瞬间升至典型形象的一种思维过程；二是科学直觉，科学家在科学研究过程中对新出现的某一事物非常敏感，一下子就意识到其本质和规律的思维过程。

3.直觉思维的特征

（1）直接性

若是对知觉思维所具有的最基本特征进行简单概括，那么就是其思维过程和思维结果都具有突出的直接性。直觉思维是一种直接领悟事物的本质或规律而不受固定逻辑规则所束缚的思维方式。它不依赖于严格的证明过程，是以对问题全局的总体把握为前提，以直接的、跨越的方式直接获取问题答案的思维过程。所以，很多科学家、哲学家来谈论知觉的时候，往往会将其和"直接的知识"共同展开讨论。

（2）突发性

直觉思维所持续的时间十分短暂，其结果的获得也可能是在瞬间实现的。人们苦苦地思索某个问题，始终得不到答案，但或许在其不经意的时候心中会突然涌现出问题的答案，或者是在转瞬间萌发出一种有着创造性的构思。

（3）非逻辑性

直觉思维不是按照通常的逻辑规则按部就班地进行的，它既不是演绎式的推理，也不是归纳式的概括。直觉思维主要依靠想象、猜测和洞察力等非逻辑因素去直接把握事物的本质或规律。它不受形式逻辑规则的约束，常常是打破既有的逻辑规则、提出一些反逻辑的创造性思想，如爱因斯坦提出的"追光悖论"；它也可能压缩或简化既有的逻辑程序，省略中间烦琐的推理过程，直接对事物的本质或规律作出判断。

（4）或然性

直觉具有非逻辑性，同时它也是非必然的，也就是说或然性是其特征之一，它并不总是完全正确。尽管部分科学家具备突出的直觉思维能力，但是他们也可能会出现某种错误。

（5）整体性

在直觉思维过程中，思维主体并不着眼于细节的逻辑分析，而是对事物或现象形成一个整体的"智力图像"，从整体上识别出事物的本质和规律。

（四）灵感思维

1. 灵感思维的含义

灵感思维指的是人类个体在进行思维活动的过程中，对多种思维方式和精神因素加以综合运用，并且受到诱发因素的激活从而展开的一种特殊的、创造性的思维方式。有两点需要特别注意：

研究灵感思维，必然要涉及灵感、直觉、顿悟三者之间的相互关系。这是因为，一方面，灵感与直觉、顿悟在思维过程中有着更紧密的联系；另一方面，直觉、顿悟与灵感在思维过程中更为接近，关系错综复杂。研究直觉、灵感、顿悟三者之间的相互关系，应当坚持运用辩证思维和系统科学、复杂性科学的理论和方法，综合汲取现代科学的前沿成果和当今学术界已经达到的认识结晶，从复杂的、动态的思维网络系统中撷取直觉、灵感、顿悟三者之间的交互作用过程加以探讨。

直觉、灵感、顿悟是思维过程中复杂的交互作用的辩证关系。首先，从灵感与直觉的关系看，直觉是不通过逻辑推理而直接把握事物本质的思维方式，它包括经验直觉和理性直觉两类内容。经验直觉是凭长期的经验积累而能一下子把握事物本质的认识能力。如老工人、老农民依据长期的实践经验就能瞬间认识事物并拟定出改造事物的方案。理性直觉则是在理性认识指导下洞察事物本质的认识能力。例如，著名军事家在掌握敌我情况和主客观条件的基础上经过短暂运思，能够给出战略、战役、战术的指导方针等。当然，经验直觉与理性直觉是相互渗透、彼此内蕴的。在经验直觉中，包含有某些理性直觉的因素；在理性直觉中，则包含有经验直觉的成分。而灵感则是思维主体优化匹配主客观条件以及引发条件所突然产生的创造性思维活动。直觉具有可重复性，而灵感不具有可重复性。其次，灵感与顿悟之间存在着内在的、复杂的交互作用。灵感是思维过程飞跃而获得创造性思维活动的本身，而顿悟则是灵感的结果，它表现为这种创造性思维活动所达到的结果。

2. 灵感思维的类型

以激发灵感的诱因为主要依据，可以把灵感思维划分成两大类型：一是外部偶然机遇型灵感，二是内部积淀意识型灵感。灵感诱发于一定的触媒，外部偶然机遇型灵感的诱发有多种多样的"触媒"。所谓触媒，是引发灵感的偶然因素，如思想触媒，形象触媒、情境触媒。原型触媒等的作用是诱发创造灵感。

思想触媒是指创造主体由于阅读、发散思维、逆向思维、思想交流等思想因素引起思想火花的触媒。思想触媒是知识创新的萌芽。达尔文有一天躺在沙发上阅读马尔萨斯《人口原理》作为消遣，由于他受繁殖过剩而引起生存竞争理论的思想触媒的影响，大脑里诱发出创造灵感：生物通过生存竞争进行自然选择，适者生存，不适者被淘汰，由此开辟了发现科学进化论之道。

形象触媒是指创造主体由于在某种专利客体（发明、实用新型、外观设计）形象或新颖事物形象的触媒作用下，突然诱发出灵感的外部诱因。形象触媒往往通向技术发明之路。

情境触媒是创造主体由于受某种环境气氛渲染触景生情而诱发灵感的外部诱因。郭沫若创作《地球，我的母亲》就是受情境触媒诱发灵感而创造的成果。郭沫若谈到这种灵感创作的体验：有一天他到（日本）福冈图书馆去看书，突然受到诗兴的诱发。在这种诗情画意触媒作用下他离开了图书馆，在馆后的石子路上赤着脚踱来踱去，时而倒在路上睡觉，真切地和"地球母亲"亲昵，去感触它的皮肤，受她的拥抱。在现在看来，觉得有点发狂，而当时确实是感受着真切的情境。郭沫若在图书馆诗兴袭击的情境触媒作用下，创作了他的名作《地球，我的母亲》。

原型触媒是指创造主体由于在某种实物及其现象状态和存在方式的触媒作用

下引发灵感的外部诱因。

内部积淀意识型灵感是心理积淀意识和理论积淀意识交互作用由触媒诱发的灵感，无意识灵感是创造主体在内心自由和外在自由条件下思想意识自由自在地展开想象翅膀诱发的灵感，把原有的知识信息组合成新知识使百思不解的问题突然出现破解的思想闪光。

（五）立体思维

1. 立体思维的含义

立体思维又被称作空间思维或者整体思维。它是在时空四维中，对认识对象进行多角度、多方位、多层次、多学科、多手段的考察、研究，力图真实地反映认识对象的整体以及和其周围事物构成的立体画面的思维形式。换句话说，立体思维是反映认识对象在一定时空内的外在或内在结构、位置、网络以及这种结构、位置、网络运动变化的立体形态或全息轨迹的思维形式。这种思维不只是反映对象的个别属性，也不只是反映对象的某个一般属性，而是这些个别属性、一般属性的有机整体。诚然，它要了解对象的个别属性或对象的一般属性，但不以此为满足，而是着力把握由这些个别、一般建构的有机统一。这种思维也不是反映对象的某个层次，而是由诸多层次互相承续而构成的不断在时空中运动着的活生生的实体。同样，它不忽视对象各个单一的层次，但它着力于这些单一层次在运动中的相互联系或先后相继。这样思维获得的成果，必然是综合的或整体性的，可以通过立体的模型复制出来。

由于立体思维要反映思维客体的各个方面，因而它的认识成果是具体、鲜明和生动的，由于立体思维要反映思维客体的各个层次，各级本质并与个别综合起来，所以，它的认识成果更加富于客观性、全面性、系统性与整体性。个别性，显示事物的多样性、丰富性、具体性；一般性，显示事物的普遍性、共性。立体思维将这两者综合在自己的认识成果中，因而使人类的认识既有鲜明性、具体性与生动性，又有客观性、全面性与深刻性，从而使人类的认识能力提高到了一个新的水平。

2. 立体思维的类型

立体思维有狭义和广义之分。狭义的立体思维，就是指含长宽高的空间三维思维和加上时间的时空四维思维。它是指最简单、最富经典意义的立体思维。广义的立体思维，则是指含有时空四维在内的多维思维。这种广义的立体思维，注重从思维客体的实际出发，思维客体有多维存在，它就从多维去考察并把握思维客体，其思维的本质，就是要真正把握思维对象的外在整体和内在整体。因此，广义的立体思维，乃是包括多侧面、多视角、多方位、多层次和系统性、完全性、整体性的多维思维。

总之，立体思维就其本质而言是从事物的空间存在及其在时间中流动、变化的本来面目来如实反映事物的思维模式。这种思维模式本来就存在于我们的大脑之中，只是由于人类认识的局限，未能及时地了解并揭示它的存在而已。

二、逻辑型创新思维

逻辑思维，是指人在认识事物的过程中借助概念、判断、推理等思维形式能动地反映客观现实的理性认识过程，又称抽象思维。它是作为对认识者的思维及其结构以及其作用的规律的分析而产生和发展起来的。只有经过逻辑思维，人们对事物的认识才能达到对具体对象本质规定的把握，进而认识客观世界。它是人的认识的高级阶段，即理性认识阶段。

社会实践是逻辑思维形成和发展的基础，社会实践的需要决定人们从哪个方面来把握事物的本质，确定逻辑思维的任务和方向。实践的发展对于感性经验的增加也使逻辑思维得到逐步深化和发展。逻辑思维是人脑对客观事物间接概括的反映，它凭借科学的抽象揭示事物的本质，具有自觉性、过程性、间接性和必然性的特点。逻辑思维的基本形式是概念、判断、推理。

（一）发散思维与收敛思维

1.发散思维

（1）发散思维的定义

发散思维有多个别称，例如放射思维、辐射思维、求异思维等，指的是将某个目标作为出发点，通过不同角度展开思考，从而寻求多种答案的一种思维。发散思维是大脑在思维时呈现的一种扩散状态的思维模式，它表现为思维视野广阔，思维呈现出多维发散状，如"一题多解""一事多写""一物多用"等方式。要想切实提升个体的思维能力，应当将问题的要求当作主要的出发点，通过多种角度来对答案进行探索。发散思维不拘泥于思维的框架和习惯，它具有突出的创造性。根据很多心理学家的观点，在创造性思维中，发散思维有着突出的重要性，它是对人类个体的创造力进行衡量的一个重要标准。

（2）发散思维的特征

一是流畅性。流畅性指的是人类的自由自在地令观念得以发挥，从而更快地在头脑中涌现出多种思维观念，并且以较快的速度对新的思想观念进行适应和消化。机智和流畅性有着十分紧密的关联。流畅性反映的是发散思维的速度和数量特征。

二是变通性。变通性就是克服人们头脑中某种自己设置的僵化的思维框架，按照某一新的方向来思索问题的过程。变通性需要借助横向类比、跨域转化、触类旁通，使发散思维沿着不同的方面和方向扩散，表现出极其丰富的多样性和多面性。

三是独特性，独特性是指人们在发散思维中做出不同寻常的异于他人的新奇反应的能力。独特性是发散思维的最高目标。

四是多感官性。发散性思维不仅运用视觉思维和听觉思维，而且还可充分利用其他感官接收信息并进行加工。发散思维还与情感有密切关系。如果思维者能够想办法激发兴趣，产生激情，把信息感性化，赋予信息以感情色彩，会提高发散思维的速度与效果。

（3）发散思维的方法

①一般方法

一是材料发散法。将物品视作不同的"材料"，发散地思索它可能会有多少用途。举例来说，对于粉笔，尽量说出它的多种用途。

二是功能发散法。从某事物的功能出发，构想出获得该功能的各种可能性。例如在寒冷的冬天如何御寒？

三是结构发散法。以某事物的结构为发散点，设想出利用该结构的各种可能性。例如尽可能多地列举出"立方体"结构的物体。

四是形态发散法。以事物的形态（如形状、颜色、音响、味道、气味、明暗等）为发散点，设想出利用某种形态的各种可能性。例如尽可能多地设想利用铃声可以用来做什么？

五是组合发散法。以某事物之间的组合为发散点，尽可能多地将它与别的事物组合成新事物。例如尽可能多地列举出音乐可以同哪些东西组合在一起？

六是方法发散法。以人类解决问题或制造物品的某种方法为发散点，设想出利用方法的各种可能性。例如尽可能多地列举出用"摩擦"的方法可以做哪些事情或解决哪些问题？

七是因果发散法。以某个事物发展的结果为发散点，推测出造成该结果的各种原因，或者由原因推测出可能产生的各种结果。例如尽可能多地列举出语文学习成绩好的各种可能的原因。

②假设推测法

假设的问题不论是任意选取的，还是有所限定的，所涉及的都应当是与事实相反的情况，是暂时不可能的或是现实不存在的事物对象和状态。由假设推测法得出的观念可能大多是不切实际的、荒谬的、不可行的，这并不重要，重要的是有些观念在经过转换后，可以成为合理的有用的思想。

③集体发散思维

发散思维不仅需要用上我们的全部大脑，有时候还需要用上我们身边的无限资源，集思广益。集体发散思维可以采取不同的形式，比如我们常常戏称的"诸葛亮会"。在设计方面，我们通常采用的"头脑风暴"，每个不论可能性的说出自己的想法，只要自己能说通，都可以被大家认同，而且被采纳，最后总结出结论。

2. 收敛思维

（1）收敛思维的概念

收敛思维（Convergent Thinking）又称"聚合思维""求同思维""辐集思维"或"集中思维"。收敛思维是指某一问题仅有一种答案。为了获得正确答案要求每一思考步骤都指向这一答案。从不同的方面集中指向同一个目标去思考。其着眼点是由现有信息产生直接的、独有的、为已有信息和习俗所接受的最好结果。其思维过程始终受所给信息和线索决定，是深化思想和挑选设计方案常用的思维方法和形式。收敛思维以某种研究对象为中心，将众多的思路和信息汇集于这个中心点，通过比较、筛选、组合、论证，从而得出在现有条件下解决问题的最佳方案。

（2）收敛思维的形式

一是目标确定法。日常生活中人们所面对的很多问题实际上都是十分明确的，对于此类问题，找到其中关键并不困难，只要方法正确，问题往往能够被很顺利地解决。但在部分情况下，问题可能存在一定的模糊性，令人觉得似是而非，让人们无法顺利找到解决问题的方式。而目标确定法要求人们先将所搜寻的目标确定出来，对其加以观察之后进行判断，明确问题中最为关键的现象，然后从目标出发进行收敛思维活动。使用该方法的要点在于，将搜寻目标明确出来，再加以观察的基础上形成自己的判断。通过不断的训练，促进思维识别能力的提高。通常来说，目标的确定越具体越有效，不要确定那些各方面条件尚不具备的目标，这就要求人们对主客观条件有一个全面、正确、清醒的估计和认识。目标也可以分为近期的、远期的、大的、小的。开始运用时，可以先选小的、近期的，熟练后再逐渐扩大。

二是求同思维法。若是在不一样的场景中，同样的现象多次重复发生，并且在不同的场景下只有一个条件相同，那么该条件就是使得该现象发生的主要原因，而对该条件进行探寻的一种思维方法就被称作求同思维法。

三是求异思维法。若是某现象在第一场合出现，第二场合不出现，而这两个场合中只有一个条件不同，这一条件就是现象的原因。寻找这一条件，就是求异思维法。

四是聚焦法。聚焦法就是围绕问题运行反复思考，有时甚至停顿下来，使原有的思维浓缩、聚拢，形成思维的纵向深度和强大的穿透力，在解决问题的特定指向上思考，积累一定量的努力，最终达到质的飞跃，顺利解决问题。

（二）逆向思维

1. 逆向思维的定义

逆向思维又被称作求异思维或者反向思维，它是对既成的、固有的观点或事物进行反向思考的思维方式。它让思维从事物的对立面展开探索，将问题的相反面作为思考问题的出发点，从而最终产生新的观念和思想。当其他人都在沿用旧式的思维反向对问题展开探索时，你独自从相反的反向出发展开探索，此种思维方式就被称作逆向思维。通常来说，大部分人更习惯于顺着事物发展的正方向出发对问题进行思考，并在此基础上对问题加以解决。但实际上，对于部分问题，从结论出发反向思考，从求解回到已知条件，反过来想反而会令问题更容易得到解决。

通过实践可知，逆向思维是人类不可缺少的一项思考能力。逆向思维能力对于增强人们的解决问题能力和创造能力来说发挥着十分重要的作用。逆向思维法从本质上来说是发明方法、思维方法，要想对个体的能力进行深入挖掘，就必须要对该方法加以掌握和运用。

个体所进行的思维活动是有其方向的，既有正向的，也有反向的，所以形成了不同形式的思维活动——正向思维与反向思维。这两种思维是相对的概念，通常来说，正向思维指的是人们依照比较习惯的方式展开思考活动，而方向思维指的是人们对惯常的思维方式加以逆转，通过反向路线展开思考活动。正反向思维起源于事物的方向性，客观世界存在着互为逆向的事物，也正是因为事物具有正反向，所以思维才能相应地也存在不同的方向，二者之间有着十分紧密的关联。人们在对问题进行处理的时候，往往会沿用常规思维路径展开思考，也就是这里所说的正向思维，在一些情况下，这种思维有利于迅速找到问题解决方法，从而迅速地实现解决问题的目的。但是，通过实践可知，有很多问题仅仅运用正向思维难以解决，而若是运用反向思维展开思考，则往往能够得到出乎意料的结果。由此可知，反向思维这种思维方式具有鲜明的创造性，它能够令人们脱离常规思维的桎梏。

2. 逆向思维法的分类

（1）反转型逆向思维法

这种方法是指从已知事物的相反方向进行思考，产生发明构思的途径。"事物的相反方向"常常从事物的功能、结构、因果关系等三个方面做反向思维。比如，市场上出售的无烟煎鱼锅就是把原有煎鱼锅的热源由锅的下面安装到锅的上面，这是利用逆向思维，对结构进行反转型思考的产物。

（2）转换型逆向思维法

该方法指的是在对问题展开研究的具体过程中，因为问题解决手段受到了一定的阻碍，转而使用其他手段，或者变换思考角度，从而妥善处理问题的一种思维方法。司马光砸缸救人就是一个十分典型的例子，因为爬到缸中救人这种解决问题的方式受到了阻碍，所以司马光就采用转换型逆向思维法，通过其他手段——破缸救人，从而顺利实现了自己救人的目的，令问题得以解决。

（3）缺点逆向思维法

此种思维发明方法对事物的缺点加以利用，它能够把事物的缺点转变为优势，将不足之处变为有利之处。此种方法的最终目的并不在于对事物的缺点加以克服，与之相反，它将事物的弊端转换为优势，从而顺利地解决问题。举例来说，金属腐蚀一般来说是金属自身的一种缺点，但人们却将其转化成优势，借助金属腐蚀的原理来生产金属粉末，或者是进行电镀，而这毫无疑问是应用了缺点逆用思维法。

3. 逆向思维的形式

一是原理逆向，指的是从事物原理的相反方向来探索问题。例如伽利略设计温度计，水的温度的变化引起水的体积变化，反过来水的体积变化也能看出温度的变化。

二是功能逆向，即从事物既有功能出发，从与之相反的方向展开对问题的探索。风力灭火器就是典型的例子，通常来说，风的出现可能会令火势变得更大，但是若是火本身较小，那么在一定情况下风就能够将其熄灭，并且速度比较快。

三是结构逆向。结构逆向是指从已有事物的逆向结构形式中设想，以寻求解决问题新途径的思维方法。

四是属性逆向。属性逆向就是从事物属性的相反方向所进行的思考。例如："空心"代替"实心"反向电视机。

五是程序逆向或方向逆向。程序逆向或方向逆向就是颠倒已有事物的构成顺序、排列位置而进行的思考。1877 年，爱迪生在实验改进电话机时发现，传话器里的间膜随着说话的声音引起相应的颤动。那么，反过来，同样的颤动能不能转换为原来的声音呢？爱迪生想。根据这一想法，爱迪生又获得了一项重大发明：留声机。而观念逆向就是从观念的相反方向所进行的思考。

4. 逆向思维应注意的问题

首先，要对事物本质有科学、深层的把握，切忌将逆向思维停留在事物的表面，不假思索地对别人的意见和观点加以反对，而是真正从逆向的角度出发，获取科学的、创新的并且比正向效果更优的成果。其次，在思维方法上始终注意辩证统一，要明确正向和逆向本身就是对立统一的关系，不能全然地将二者分离开，唯有把正向思维作为参照物加以分辨，才能够更好地展示出思维的创新性。

（三）系统思维

1. 系统思维的定义

系统是一个概念，反映了人类对事物的一种认识论，即系统是由两个或两个以上元素相结合的有机整体，系统的整体不等于其局部的简单相加。这一概念揭示了客观世界的某种本质属性，有无限丰富的内涵和外延，其内容就是系统论或系统学。系统论作为一种普遍的方法论是迄今为止人类所掌握的最高级思维模式。系统思维方法是建立在一般系统论基础之上的。一般系统论和控制论、信息论等学科都是在第二次世界大战以后出现的新兴学科。这些学科有个共同的特点，就是撇开具体的物质形式，从不同的侧面、不同的横断面来研究这些不同的物质形式的共同本质和运动规律，突破了自然科学、技术科学、社会科学和人文科学之间的界限，为现代科学技术的发展和社会管理科学化；为正确认识现实中的事物和处理问题提供了一套新的思想和新的方法。如果说19世纪自然科学的三大发现是马克思主义产生的自然科学基础的话，那么在20世纪辩证唯物主义自然科学的基础是相对论、量子力学和一般系统论、控制论和信息论。

一般系统论等三论的创立具有以下特殊意义。第一，涌现出系统、结构、反馈、控制和信息等一类崭新的概念，这些概念分别从不同侧面揭示了客观世界联系的特定形式，具有极普遍的意义，几乎适用于一切科学领域，有利于各门学科的理论和方法相互渗透和移植，推动着各门边缘学科和综合学科的发展，进一步加强了科学技术整体化趋势。第二，冲破了传统的思维方式和研究方式的束缚，强调从系统、信息等观点出发，定量地分析和处理问题，从而为现代科学技术研究提供了一套崭新的方法论原则和程序。

而一般系统论、控制论和信息论中最基本的还是一般系统思维论，因为讲控制总要讲控制什么，怎样进行控制。控制什么，对象自然是一个系统；怎样进行控制，自然是要用信息来控制。可见，系统是基础，三者连接为一个整体，即"靠信息控制系统"，这是一个问题的三个方面，分别从不同的角度、从不同的侧面揭示了客观事物的本质、联系和规律。

所谓系统是指由相互作用和相互依赖的若干组成部分结合成的具有特定功能的整体，而且这个系统本身又是它从事的更大系统的一部分。系统是普遍存在的。在自然界中，从基本粒子到总星系的每一个物质层次都是一个系统。在社会中，系统处处可见，如教育系统、交通系统、生态系统等，此外，人体本身也是最复杂的系统，它包括了消化、呼吸、循环、神经、生殖等系统，在技术领域中，有导弹系统、能源系统、水利系统等，总之，系统概念是一个基本的普遍的概念。

系统思维是一种逻辑抽象能力，也可以称为整体观、全局观。系统思维，简单来说就是对事情全面思考，不是就事论事，是把想要达到的结果、实现该结果的过程、过程优化以及对未来的影响等一系列问题作为一个整体系统进行研究。按照历史时期来划分，可以把系统思维方式的演变区分为四个不同的发展阶段：古代整体系统思维方式—近代机械系统思维方式—辩证系统思维方式—现代复杂系统思维方式。

总之，系统思维就是把认识对象作为系统，从系统和要素、要素和要素、系统和环境的相互联系、相互作用中综合地考察认识对象的一种思维方法。系统思维是以系统论为基本思维模式的思维形态，它不同于创造思维或形象思维等本能思维形态。系统思维能极大地简化人们对事物的认知，给我们带来整体观。

2. 系统思维的方法

一是整体法。该方法要求人们在对问题加以分析和处理时，自始至终从整体的角度出发展开思考，把整体置于首位，切忌让其他部分凌驾于整体之上。整体法要求把思考问题的方向对准全局和整体，从全局和整体出发。如果在应该运用整体思维方法进行思维时，不用整体思维法，那么无论在宏观还是微观方面，都会受到损害。

二是结构法。进行系统思维活动时，应注意系统内部结构的合理性。系统由各部分组成，部分与部分之间组合是否合理，对系统有很大影响。这就是系统中的结构问题。好的结构，是指组成系统的各部分间组织合理，是有机的整体。

三是要素法。每一个系统都由各种各样的因素构成，其中相对具有重要意义的因素称为构成要素。要使整个系统正常运转并发挥最好的作用或处于最佳状态，必须对各构成要素考察周全和充分，充分发挥各构成要素的作用。

四是功能法。功能法是指为了使一个系统呈现出最佳状态，应从大局出发来调整或改变系统内部各部分的功能与作用。在此过程中，可能是使所有部分都向更好的方面改变，从而使系统状态更佳，也可能为了求得系统的全局利益，以降低系统某部分的功能为代价。

3. 系统思维的作用

系统思维能够让人们认知事物的过程得以简化。通过对系统思维方法加以掌握，人们能够更清晰地意识到原本看似截然不同的事物之间其实存在着层层关联，而从更深层面来说，它们都具备统一的模式结构，也就是所谓的系统。通过系统的思维视角对问题加以分析，原本那些复杂、混乱的思维图景就会变得清晰和有秩序。

另外，系统思维还有利于人们树立起整体观。以往人们在处理问题的时候往往会用割裂的眼光来看待不同的事物，将事物拆解成各个部分，之后再展开层层递进式的解析。尽管此种局部观的思维模式让人们在考虑问题时能够深入到事物内部，但它却忽视了从宏观层面来讲事物是通过整体存在和呈现的，仅仅研究局部无法对事物的整体行为做出较好的解释，要想从整体层面对事物加以把握，就要把各个局部按照某种结构模式统一起来分析，唯有如此，才能够最终获取正确结论。

4. 系统思维方法的一般步骤

伴随着系统思维方法的发展和完善，它也逐渐形成了独特的思考和解决问题的程序。一般来说，借助系统思维方法来研究问题可依照下列步骤展开。

（1）发现和明确问题

首要的步骤就是发现并明确问题。要对问题相关的各种数据、资料等进行全面搜集和整理。

（2）设定目标

在发现并明确问题之后，就要进一步确定出要对何种问题加以解决，最终要实现何种解决程度，并且设定必须实现和目标和期待达成的目标，并且把衡量目标达成的标准确定出来。在现代社会中，待确定的目标一般是多因素的、大系统的、动态的，具体实施还要求把目标分解为若干个子系统的确定指标，并规定指标的主次、轻重缓急，确定其发生矛盾的取舍原则、给出实现指标的约束条件等。

（3）进行系统综合，明确实施方案

根据希望实现的最高目标和必须实现的最低目标，寻求实现目标的途径，制订出各种可供选择的方案，给出方案的结构和相应参数。

（4）系统分析方案，得出分析评价

在方案明确之后，还要分析和评价所制定的各种方案，并在其中选出最佳实施方案。在分析评价时，要根据目标来核算每个方案的费用和功效，运用数学工具建立各种模型，并求出各模型的解，发展这些结果再进行分析评价，如果从最低目标和最高目标两方面衡量，某方案两种目标均不能满足就可抛弃，这样就可以把方案的选择范围缩小并最终确定几个录可行的方案，然后再根据最高目标对所有方案采用分等评分的方法，提供给决策者加以选择。为了使评价工作做到科学化、定量化，现在一般采用边际分析、费用—效益分析、价值分析及多端思维法等具体方法，还要运用可行性分析和决策技术（如树形决策、矩阵决策、马尔柯夫决策、统计决策、模糊决策等）以及运筹学中的一些行之有效的方法。

（5）选择方案，进行决策

通过系统分析，初步提供几个可行方案，如有关半导体系统方案可能涉及外观、音质、音量、灵敏度、清晰度等多种因素，有的方案选择性好，有的方案灵敏度高，除了定量目标外，还要考虑一些定性目标，如政治、社会、人的心理等。这就需要决策者把几种方案综合起来，进行计算机模拟，从总体上权衡，果断决策，最后抉择一个或极少数几个方案试用。

（6）试验

为了提升获得成功的概率，避免意外事件发生，可对既定的方案开展局部试验，从而对方案的正确性加以检验。若是方案能够顺利通过检验，就可将其推广开来，对其加以全面实施；若是方案没有通过检验，则需要进一步对其展开追踪检查，重新确认出一份可行性更强的方案。

（7）实施

以方案为依据将具体的实施计划明确出来，系统具体实施，但在实施时也仍旧可能会发生意外的情况或者问题，由此在执行过程中就应当有效地控制偏差，及时反馈并加以优化完善，从而确保最终能够顺利达成目标。

这个过程本身也是一个决策的过程，我们可以按以上步骤构成一个决策系统。

（四）线性思维与非线性思维

1.线性思维

（1）线性思维的定义

线性思维即线性思维方式，是把人认停留在对事物质的抽象而不是本质的抽象，并以这样的抽象为认识出发点，片正、直线、直观的思维方式。形式逻辑只是知性逻辑，但如果把其作为思维方式就是线性思维方式。这样的思维方式不能把握复杂经济现象后面的本质和规律。

线性思维是一种直线的、单向的、单维的、缺乏变化的思维方式，非线性思维则是相互连接的，非平面、立体化、无中心、无边缘的网状结构，类似人的大脑神经和血管组织。线性思维如传统的写作和阅读，受稿纸和书本的空间影响，必须以时空和逻辑顺序进行。

线性思维是指思维沿着一定的线型或类线型（无论线型还是类线型，既可以是直线也可以是曲线）的轨迹寻求问题的解决方案的一种思维方法。线性思维在一定意义上说属于静态思维。而非线性思维是指一切不属于线性思维的思维类型，如系统思维、模糊思维等。

（2）线性思维的分类

一是正向线性思维。正向线性思维的特点是，思维从某一个点开始，沿着正向向前以线性拓展，经过一个或几个点，最终得到思维的正确结果。

二是逆向线性思维。逆向线性思维的特点是，思维从某一个点开始，如果沿着正向向前以线性拓展，无论经过多少个点，最终都难以得到思维的正确结果。既然正向走不通，就得向着相反的方向思考，经过一个点或几个点，从而最终得到正确的思维结果。

三是正向线性发散思维。正向线性发散思维的特点是，思维从某一个点开始，沿着正向向前以线性发散。如果思维非线性发散，而只是沿着直线向前，就只能得出一个最终的思维结果，从而难免思维结果的片面性。因此，思维线性发展的方向必须是多向的，最终得到思维的结果也是多个的，正是这多个结果，才是思维最终要得到的全面的正确结果。

四是正向线性会聚思维。正向线性会聚思维的特点是，思维从两个或两个以上的点开始，沿着正向向前以线性发展，到了一定的时候，汇聚成为一个点。在这种思维过程中，如果从多点开始的思维始终各自正向线性向前发展，就会漫无边际，不能最终汇聚，得到正确的思维结果。因此，思维的关键是在恰当的时候汇聚为一点。

2. 非线性思维

（1）非线性思维的定义

非线性思维是指一切不属于线性思维的思维类型，也就是我们所见到的跳跃性思维，比如系统思维、模糊思维等。它很可能不按逻辑思维、线性思维的方式走，有某种直觉的含义，是一种无须经过大量资料、信息分析的综合过程。一个系统，如果其输出不与其输入成正比，则是非线性的。实际上，自然科学或社会科学中的几乎所有已知系统，当输入足够大时，都是非线性的。因此，非线性系统远比线性系统多，客观世界本来就是非线性的，线性只是一种假象。对于一个非线性系统，哪怕一个小扰动，像初始条件的一个微小改变，都可能造成系统在未来行为的巨大差异。

（2）非线性思维方式的表现形式

思维形式是思维方式的基本构成要素。任何思维方式都要以若干思维形式表现出来，若干思维形式在总观点的制约下，通过逻辑的和非逻辑的联系而构成作为其整体的思维方式。每种思维形式都有其认识世界的独特而又确定的视角，具体的思维形式是思维方式的具体外在形式和外在载体，从各角度再现了思维方式的整体特征。根据对非线性思维方式的发生和特质的分析结果，可以总结出非线性思维方式具有系统辩证思维、发散思维、逆向思维、直觉思维和灵感思维五种基本形式。这五种具体的思维形式在不同程度上具非线性思维方式的特征并遵循其客观规律。

一是系统辩证思维。系统辩证思维就是把系统观和辩证法有机统一起来而形成的思维形式。系统性决定了事物是由相互联系、相互作用的若干元素组成的具有特定功能的动态的统一体；辩证性则反映了事物的普遍联系和运动特性，要求人们从事物的联系和关系中去思考问题，系统性和辩证性的有机统一，使系统成为辩证的系统，辩证是反映系统的辩证，在此基础上形成的系统辩证思维形式突显了其整体优化性、多维立体性和开放战略性等本质特征。

二是发散思维（放射思维）。发散或放射，意即由一个点向各个方向传播或移动。发散思维是指人们运用不同的思维方法，开拓多条思维渠道，打通多个思维通道以寻求多种解决问题的方案的思维形式。发散思维在与收敛思维的比较中，显示了其求异质疑性、广阔的联想性和灵活多变的方法性等特征。

三是逆向思维。通过事物之间的因果联系寻找解决问题的途径是人们常用的有效思维途径。遵循从原因到结果的思维路径达到思维目的的形式叫正向思维。反之按照从结果到原因，沿着事物发展的轨迹回溯探究以达到思维目的的思维形式就叫逆向思维。传统的因果性（一因一果性）是对事物间相互关系的一种必然性描述。因此，遵循一因一果的规则探究事物规律的正向思维和逆向思维都属于典型的线性思维方式。复杂非线性世界中广泛存在的丰富多彩的普遍联系在人们的眼前呈现出一幅扑朔迷离的景象，因而使遵循辩证否定规律的逆向思维更充分地展现了其具有的非线性思维方式的典型特征和快捷高效的思维效率。逆向思维广泛地存在于人类思维所涉及的一切认识活动和社会实践各领域中。从逆向思维的认识论意义上来考察，人们对于客观世界的认识过程，是以发现和提出问题为起点，以解决问题为归宿的。而发现、提出和解决问题的认识过程，实际上包含着思维的辩证否定，一种是对主体现有知识的有效性、完备性、可靠性的否定，另一种则是对前一种否定的再否定。在这两种否定的过程中，逆向思维始终从矛盾的对立面对认识内容进行辩证的否定，从而以一种否定性的力量推动思维围绕着问题而发展深入。因此，逆反思维具有批判性、反常规性和创新性等特点。

四是直觉思维。直觉即直接的觉察，指人的下意识的带有创新的直接感觉。直觉思维是指主体以一种形象和概念共同反映事物本质的认识形式，综合运用既有的经验体验和理论认识形成的突然对事物达到深入洞察和本质理解的思维活动形式。科学发展的历史已经雄辩地证明：直觉在科学技术的发现和创造中发挥了巨大的不可磨灭的作用。

五是灵感思维。灵感作为一种特殊的思维现象，是人对于一个问题在运用常规思维解决不了的情况下，由于某一偶然事物或信息的激发或在某种特殊的思维状态对潜意识中某个环节的触发，使大脑中原来中断的信息突然迅速地重新实现有序化，进而使问题突然获得解决的思维活动形式。灵感的出现常常给人带来渴望已久的智慧的灵光，它是人类智慧的最高体现。灵感思维具有突发性、综合性、不可重复性和可靠性等特点。

3. 线性思维与非线性思维的关系

思维方式无非是线性与非线性两种。线性思维方式有助于深入思考，探究到事物的本质。非线性思维方式有助于拓展思路，看到事物的普遍联系。非线性思维是为了更好地进行线性思维即深入了解事物的本质。线性思维方式是目的，而非线性思维方式是手段。

从思维上讲，非线性思维使用的是人的右半脑；从层次上讲，非线性思维更多地在人的潜意识里完成。潜意识的活动更接近客观事物，更真实。

线性思维，是一种直线的、单向的、单维的、缺乏变化的思维方式；非线性思维则是相互连接的，非平面、立体化、无中心、无边缘的网状结构，类似人的大脑神经和血管组织。线性思维如传统的写作和阅读,受稿纸和书本的空间影响,必须以时空和逻辑顺序进行。非线性思维则突破时间和逻辑的线性轨道,随意跳跃生发。尽管如此,非线性思维至今仍然没有一个科学的定义。

第三节　创造性思维过程

相较于依照思维定式和习惯解决问题来说,创造性解决问题的心理活动过程更加复杂,它的运行有着独特的思维活动程序和规律。华拉斯是一位英国心理学家,他在分析创造过程的基础上提出了一个重要理论,即创造性思维(创造性思维)的四阶段理论。它将创造性思维具体分成了如下几个阶段,一是准备阶段,二是酝酿阶段,三是豁朗阶段,四是验证阶段。

一、准备阶段

在准备阶段,创造个体要从问题出发做好相应的准备工作,具体来说就是搜集资料、积累知识素材及现存的相关研究资料等。在准备阶段,个体所做的工作越充分,其思路就有可能变得更开阔,并从中得到某种启示,迅速理清解决问题的思路,明确问题的关键所在,从而在此基础上顺利地实现对问题的分析和解决。所以,个体在准备阶段要多搜集素材,为项目的开展做好详细的计划,并且要不断丰富自己的知识储备、提升技术水平,多涉猎不同的知识领域,唯有如此,才有可能得到灵感的眷顾和正确的指引,从而顺利地解决问题。

二、酝酿阶段

在创造者已经具备了一定的知识经验储备之后,创造者就能够围绕问题和资料展开进一步的思考和探索,试图通过思索来找到解决问题的最佳方式,而这一阶段就被称作酝酿阶段。在该阶段,思维活动并不十分明显,创造者的观念仿若静止,但实际上思考是断断续续地在开展的。此时创造者可能已经不再下意识地去对问题进行思考,转而去思考其他问题或者是去做其他的事情,但实际上所要解决的问题始终存在于创造者的潜意识中,在受到刺激或者其他情况下,这些潜意识可能又会转到意识领域之中。由此可知,创造性思维的酝酿阶段更多地可以被视作潜意识过程,此种思维活动无疑是种种新思想、新观念的源泉,待其酝酿成熟就会显露出来，促使问题得到科学、合理的解决。

三、豁朗阶段

在酝酿阶段过后，很多新的观念、思想等可能会在创造者的头脑中涌现，从而令解决问题的过程得以突破，该阶段就被称作豁朗阶段。在该阶段，困扰创造者许久的问题可能突然有了答案，令创造者瞬间脱离思维的困境，并且此时的头脑具有突出的创造性。这是对问题经过全力以赴地刻苦钻研之后所涌现出来的科学敏感性发挥作用的结果。这种现象称为"灵感"或"顿悟"。许多科学家在创造发明过程中，都曾有过这种惊人的类似现象。

四、验证阶段

通过豁朗阶段，创造者已经基本得到了解决问题的思路和构想，接下来就需要从理论和实践层面对这些思路展开检验和修正，令其不断完善，该阶段就被称作验证阶段。这个阶段，或从逻辑角度在理论上求其周密、正确；或是付诸行动，经观察实验而求得正确的结果。在验证期，创造者需要经过无数次的存优汰劣，才能使创造结果达到完美的地步。

在对创造性思维因子进行探讨时，侧重点应放在对具有跳跃突变功能的那些非逻辑思维形式要素上，一般认为直觉、想象与联想以及灵感是创造性思维中最具活力、最富创造性、最有挖掘潜力的思维因子。

许多学者针对创造性思维过程提出了许多不同的模式，以下是几种最具代表性的模式。美国创造学奠基人奥斯本提出了"寻找事实—寻找构想—寻找解答"的三阶段模式。美国实用主义者杜威提出了"感到困难存在—认清是什么问题—搜集资料进行分类并提出假说—接受或抛弃实验性假说—得出结论并加以评论"的五阶段模式。模式的不同，只说明不同的学者对创造性思维所划分的阶段和强调的重点有所不同。总的来看，各种模式基本上都离不开"发现问题—分析问题—提出假说—检验假说"这几个阶段。

第四节 创造性思维需要突破的障碍

一、思维障碍的内涵

依照心理学家的观点，思维指的是人类的大脑对于客观存在的事物所产生的一种间接、概括的反应。从字面上来说，思维可以拆解为"思""维"二字，思指的是思考，而维则意味着方向，因此我们能够对思维做出这样的解释：沿着特定的方向展开思考。人类大脑思维有如下特性——若是长时间地顺着固定的方向和次序对问题进行思考，那么这种思维活动就会产生惯性。简单来说，就是个体通过某种方法顺利地解决了某个问题，若是之后再碰到看起来差不多的问题，个体可能还是倾向于采用同样的思考和解决方式，而这其实就是所谓的"思维惯性"。思维惯性也是人类个体很难克服的一种惯性。在工作和生活中如果经常用同样的思路和方式解决问题，那么无疑就会生成思维惯性，频繁地运用这种惯性思维来看到问题，就会生成思维定式。思维惯性和思维定式就共同构成了创造个体的"思维障碍"。"思维障碍"可以说是利弊共存的，其优点在于它能够明确人们处理问题的步骤，提高解决问题的效率，令社会变得更有秩序；其弊端在于它对社会和科技等方面的发展会造成一定的阻碍，特别是不利于人形成创造性思维，从而阻碍人类个体运用创造性思维来处理现实问题。

二、常见的思维障碍

（一）习惯性思维障碍

习惯性思维障碍的别称是思维定式，它指的是人类个体往往用某种单一的、固化的思路或方式对相似的问题进行考虑。人们普遍具有习惯性思维，若是这种思维逐渐僵化，就会对人的思维活动造成极大的束缚，令人们无法通过新的视角和思路对问题展开探索，并最终在创造、学习等领域形成一定的心理障碍。如今社会变化迅速，科学领域的发展也可谓突飞猛进，从而涌现出了很多新事物，原本不可能实现的事情也有了突破口。因此，我们不能再用旧经验、旧知识对未来做出主观性的判断。以往的经验积累使得人们在思维层面生成了某种定式，因此说经验也具有两面性，它既是宝贵的财富，但同时又有可能成为人们的思想包袱。

人类思维除了存在惯性还存在着惰性，当有复杂的问题需要人们处理时，若是仍旧用习惯思维进行解决，可能就会走入死胡同，无法顺利解决问题。要想令问题迎刃而解，就要积极创新思维，不要被思维障碍所束缚，主动探索新的方式对问题加以解决。

（二）直线型思维障碍

直线思维有着突出的定向性、单维性，是一种思路狭窄、视野受限、辩证不足的一种思维方式，但与此同时，它也是简化思维程序和步骤、置地事物深层内蕴的一种思维方式。若是所面对的问题比较简单，那么人们只需要运用直线型的思维方式就能够有效地解决问题，而推及开来，很多人在面对复杂问题的时候，仍旧会沿用此种方式对问题进行思考和探索。在学习时，虽然也遇到过稍微复杂的数学问题、物理问题，但多数情况下是把类似的例题拿来照搬。对待需要认真分析，全部考虑的社会问题、历史问题或文学艺术方面的课题，经常是死记硬背现成的答案，久而久之，就形成了直线型思维障碍。应当明确的是，直线型思维障碍可能会误导人们错误地认知事物。

（三）权威型思维障碍

权威型思维障碍又被称作权威定式，指的是在开展思维活动的时候对权威盲目崇拜和迷信，认为权威的观点完全正确，从而不积极进行独立思考，盲目信任所有的权威观点，将权威的意见当作自己的办事准则。权威定式在一定程度上能够推动人类社会的发展进步，权威的意见和理论让人们无须再花费时间和精力展开重复的探索和实践。因此，尊重权威具有一定的合理性，但若是将权威的意见视作所有行动的信条，盲目地对其加以服从，而不对其中存在的问题和不足之处加以质疑和完善，那么就会给人的创造性思维的施展造成极大的障碍。从实际情况看来，权威的意见只是在某个阶段、某个领域、某个范围是正确的，并非适用于所有问题，而只有实践才是检验真理的唯一标准。人类史上的大量创造性成果都是克服了对权威的无条件崇拜、打破了迷信权威的思维障碍后取得的。

通常来说依照专家的观点行事能够避免人们走弯路，所以经过长期的验证，人们从主观上会产生专家的意见全部正确这种片面的观点。在日常的工作和生活中，若是人们对某个事物产生了不同的见解和争辩，他们往往会把专家所说的话当作自己的证据。除了某一领域的专家权威会被逐渐强化之外，还会由此衍生出权威泛化的问题，也就是把某领域的权威引申拓展到别的领域中。举例来说，某领域的专家在自身领域内取得了突出的成就，所以有人邀请他参政议政，在某个部门或者单位担任领导，让他成为其他领域的某种权威。在人类社会中存在权威是必然的，迷信权威也是比较普遍的现象，尊重权威有其合理性，但若是对权威盲目地迷信和崇拜则会给人们的思考和判断造成突出的负面影响。因此，在面对权威时，我们要学会吸取其中的精华，将其学说和理论作为自己思考的起点和支撑，而不可单纯对其进行模仿和遵从，没有超越权威的勇气。若是对权威总是亦步亦趋，那么思维就无法得到创新，从而无法借助创新获取发展的力量。

（四）从众型思维障碍

通俗来讲，从众心理就是不冒尖，随大流。若是个体的信念和大众的信念不统一，那么有从众心理的个体即便知道自己的理念不是错误的，但是在信心不足的情况下，或者是没有勇气对大众的信念加以反驳的时候，就会放弃自己的信念，转而采取和大众同样的信念。产生从众心理的人，或者是不想成为人群中的"异类"，不想被大众评价为"哗众取宠"，或者是在思想层面上存在惰性，认为跟着大众走通常不会出错。在现实生活中，很多有从众心理的人往往会变得十分盲目，对于那些通过思考就能够做出科学正确的选择的事情，却转而选择盲从大众，放弃自己的信念，而这就是所谓的从众型思维障碍。

人类彼此之间很难达成一致，若是在群体中出现了不一致的问题，往往会借助下列方法保证群体的统一性：第一，让权威发声，令群体服从于权威，认同权威的观点；第二，群体中的少数人服从多数人，保持和大众的一致性。人类个体都存在着或轻或重的从众心理，对于约定俗成的做法我们应保持自己的主见，形成自己的判断力，要认识到群众意见的合理性，也要看清掌握在少数人手中的真理，而切忌轻信和盲从。

（五）书本型思维障碍

人们将书本作为记载和传承人类经验和智慧的重要载体，通过书本，人类既有的知识和观念能够在不同代际之间实现传递，令后人能够在前人智慧的基础上实现进一步的发展。知识的传播和传承能够为人类社会的进化和发展提供强劲的动力，但书本在丰富和塑造人们的认知世界的同时，也给人们的思维造成了一定的阻碍。

很多人片面地认为掌握越多书本知识的人，其创新能力就会越强，但事实却并非如此。还有人认为书本知识全部正确，在遇到问题时往往会先翻阅书籍资料，若是自己的情况和书本存在出入，就会直接认定自己是错误的。持有此种观念的人，往往没有勇气做书本上没有指出的事情，并且不会质疑书本知识的正确性。因此，把这种由于对书本知识的过分相信而不能突破和创新的思维方式，叫作书本型思维障碍。

知识就是力量，但若是对于所掌握的知识无法灵活运用，那么就无法顺利地将其转化为力量。唯有科学、有效地对所学知识加以运用，才能使之成为推动发展的重要力量。切忌片面地认为谁看的书多、谁掌握的知识多，谁就拥有更强的力量，或者是拥有更强的创造性思维。恰如俗话所说，尽信书不如无书。书本知识有其重要性，并且它的作用有着突出的不可替代性，它是人类知识和智慧的载体，但随着时代的变迁和社会的发展，很多书本上的知识可能已经脱离了时代的轨道，变得过时。并且不乏一些书本知识本身就具有片面性，即便是科学、正确的书本知识也存在着适用范围，不能无条件地对书本知识进行照搬照抄。

在面对书本知识时，看我们应当持有以下态度：既要学习书本知识，接受书本知识的理论指导，又要防止书本知识所包含的缺陷、错误和落后于现实的局限性，要善于思维创新，要敢于否定前人，培养提出问题的能力，学习新知识，不能完全依靠教师，也不能盲目迷信书本，应勇于质疑，勇于提出问题，这是一种可贵的探索求知精神，是创造的萌芽。人们常说，真理诞生于一百个问号之后。

（六）经验型思维障碍

在社会中生存离不开对经验的借鉴，而经验指的是人们在实施实践活动之后所把握的规律、所收获的知识和技能等。一般来说，经验能够提高人们处理日常问题的效率，在某方面具备了丰富的经验之后，人们能够更有条理地对该领域的问题进行处理。若是我们要对零件进行加工，经验丰富的技术工人往往更有效率；若是要对车间进行管理，定然要选用那些对车间运作极为熟悉的管理人员等。

可以说经验和习惯对人们来说是一笔十分宝贵的财富，它们能够在工作和生活中发挥重要作用，能够让人们在处理问题时少走弯路。若是离开了经验，那么人类社会的进步和发展可能就无从谈起了。但是应当明确的是，经验和习惯也存在一定的弊端，它们会给创新思考造成一定的妨碍，甚至成为创新的桎梏。所以我们也要对经验加以鉴别。在运用创造性思维的过程中，若是创造者能够不被条条框框所束缚，跳出经验的范围看待问题，可能就会产生意外收获。历史上有不少事例可以证明，由于受到了经验型思维定式的影响而使发明的东西性能大打折扣，有的甚至因为这种定式的影响而失败；相反，如果没有受到经验型思维定式的影响，那么就能获得成功。

（七）其他类型的思维障碍

上述介绍的思维障碍是较为常见的，普遍存在于人群中的，但还有一些思维障碍，在不同的人身上有着不同的严重程度。下面将从四个方面展开具体阐述。

1. 以自我为中心的思维障碍

生活中不乏存在着十分固执的人，他们往往将自我作为中心来考虑问题，从而无法顺利实施创造性思维。还有一些个体有着较强的创造性思维能力且取得过一定程度的成功，但在成功后变得骄傲自大，不明白天外有天的道理。

2. 自卑型思维障碍

自卑型思维障碍就是个体自信心不足的表现。因为个体曾经失败过或者是取得的成绩不如人意，遭受他人的贬低等从而变得自卑。而自卑的人往往不会勇于尝试自己没有把握的事物，即便是快要抵达成功的彼岸，也会因为担心自己失败而无法勇往直前。

3. 麻木型思维障碍

麻木型思维障碍即对生活、工作中的问题习以为常，精力不集中，思维不活跃，行为不敏捷，不能抓住机遇，对关键问题不能够及时捕捉，更不会主动寻找问题，迎接挑战。

4. 偏执型思维障碍

此种类型的人往往十分自信，但与此同时又十分偏执，明明知道这条路无法使自己获得成功，但仍旧要向前冲，直到童了南墙才肯作罢。

在不同情况下，不同个体的思维障碍也存在着极大的差异。事实上，无论遇到何种思维障碍，只要能够对自身的障碍进行客观、冷静的分析，明白产生此种障碍的根源，并用正确的方式对待它，尽量将其克服，那么就能够让自己得到极大的提升。而个体要想提升自己的创造性思维能力，必不可少的一个环节就是突破自身的思维障碍。

三、突破思维障碍的途径

思维障碍会给人们的创新意识造成阻碍，令人们的创新能力始终停留在原本的水平，难以实现大幅提升。要想提升创造性思维能力，个体必须要对自身的思维障碍进行突破，而突破的关键指出就在于对思维视角加以转换。在创造学领域，人们把思维开始的切入点称作思维视角。从不同切入点对同样的事物展开思考，最终得到的结果可能存在着极大的差异。

突破思维障碍往往能够让个体拥有更加明确的自我意识，并逐渐养成独立的人格。很多人走不出思维定式，所以他们走不出宿命般的可悲结局，而一旦走出了思维定式，也许可以看到许多别样的人生风景，甚至可以创造新的奇迹。

（一）思维视角的概念

人类的思维活动存在着一定的次序和方向，并且它也有自己的起点。有起点，就意味着有切入的角度。从创造性思维活动方面来说，这个起点和切入的角度非常重要。思维开始时的角度，就叫作思维视角。对于很多人类个体来说，其自身的思维障碍对其创造性思维能力的提升起到了极大的阻碍作用，而要想对思维障碍加以突破，一个十分有效的途径就是对思维视角进行扩展。

扩展思维视角对认识客观事物会有极大的影响，其原因有以下几点。第一，事物本身都有不同的侧面，从不同的角度去考察，就能更加全面地接近事物的本质，如盲人摸象。第二，世界上的各种事物都不是孤立存在的，它们与周围的其他事物有着千丝万缕的联系，观察研究某一未显露本质的事物，可以从与它有联系的另一事物中找到切入点。第三，事物是发展变化的，发展变化的趋势有多种可能性。第四，对于某个领域的一些事物，特别是社会生活或专业技术领域里的常见事物许多人都观察思考过了，你自己也经常接触。

（二）扩展思维视角的方法

1.学会逆向思考

大部分人习惯按照常规、常情、常理离开思考问题，或者是依照空间、时间的顺序来对问题加以考量，通俗来讲这就是顺着想的思路。万事顺着想容易找到切入点，解决问题的效率比较高，大家都是这么想的，彼此之间的交流就比较方便。但是在互相竞争的情况下，很难出奇制胜。更重要的是，客观事物本身并不是那么简单的，而是很复杂的、千变万化的，顺着想不可能完全揭示事物内部的矛盾，发现客观规律。

首先，改变顺向思考的方式，学会逆向思考。若是顺着想不利于问题的解决，那么就可以改变思路运用逆向思考来寻求解决问题的突破口。其次，将事物的对立面作为自己思考事物的起点。遇到问题时可以直接跳到事物中矛盾一方的立场去想。因为对立的双方既对立又统一，改变这一方不行，改变另一方则可能有助于问题的解决。最后，思考者改变自己的位置。改变思考者自己的位置，从另外的角度看问题，这就是换位思考或易位思考。如果你是思考社会问题，你可以把自己换到其他人的位置上，特别是应当换到你考察的对象的位置上；如果你研究的是科学技术的问题，你可以更换观察位置，从前后、左右、上下等各个方面去分析问题。

2. 转换解决问题的方法获得新视角

尽管人类个体所面对的问题是复杂多元的，但是不同的问题之间仍旧存在一定的相通之处。对于那些复杂的难处理的棘手问题，与其对着它苦苦思索，不如灵活地转变解决问题的方法。

首先，把复杂的问题转换成简单问题。聪明人可以把复杂问题越搞越简单，不聪明的人可以把简单的问题越搞越复杂。也可以说，把复杂的问题简单化是大智慧，把简单的问题复杂化是添麻烦。事实上，在解决复杂问题时能够化繁为简，就体现了一种新的视角。

其次，把陌生问题转换成熟悉问题。若是所面对的问题此前从未接触过，那么可能短时间内找不到合适的切入点，在这种情况下切忌止步不前，尝试着把它转变成熟悉的问题，这样可能会找到新视角，从而获取到意想不到的成果。

最后，将无法完成的事情转变成能够完成的事情。世界上很多事情是无法短期内完成和实现的，很多事情唯有付出大量的时间和精力才能做到，但有些却是根本无法做到的。对于那些无法实现的事情，可以尝试着对其进行拆解，将其分解成可以办到的事，从而一步步地达成目标。

3. 把直接变为间接

在解决比较复杂、困难的问题时，直接去解决往往会遇到极大的阻力。这时，就需要扩展你的视角，或退一步来考虑，或采取迂回路线，或先设置一个相对简单的问题作为铺垫，为最终实现原来的目标创造条件。

①先退后进。这在军事上是很重要的一种策略。在解决其他方面的问题时，如果遇到了困难，暂时退一步，等待时机，就可能使情况朝着有利的方向转化。这时再前进，问题的解决可能就要容易得多。退，绝不是逃避，而是积极地转移，是以最小的代价取得最大收获的手段。

②迂回前进。迂回前进是指解决问题有难以逾越的障碍时，用直接的方法得不到解决，就必须相应地采取迂回的方法，设法避开障碍，取得成功。

创造活动有时带有一定的模糊性，一下子就能将事物看穿的情况并不多见。这就要求一方面要保持解决问题的毅力和耐心；另一方面在必要时另辟蹊径，甚至采取以退为进的方式，使难题迎刃而解。

③先做铺垫，创造条件。在面对一个不易解决的问题的时候，有时要先设置一个新的问题作为铺垫，为解决问题创造条件。

第二章　创造性思维的创新训练技法

第一节　智力激励法

一、智力激励法的概念

　　智力激励法走群众路线来进行发明创造活动，它通过召开特殊形式的会议，让参与会议的人员自由地发表自己的看法，从而在此基础上集思广益。该方法的创立时间是 1939 年，其创立者是美国的奥斯本。此种方法能够有效地激发人们的想象力，让人们充分发挥自己的创造性，为问题的解决探寻多元思路，因此这种方法在短时间内迅速在世界上被推广和使用开来，有人也将其称作头脑风暴法。在它传入其他国家后，又得以发展演变，衍生出了很多新型且有效的技法。所以，有很多科学创造工作者把智力激励法称作创造技法的"母法"。

　　"集智"和"激智"可以说是智力激励中最为关键的部分。其中"集智"指的是集中很多人的智慧，"集智'的前提条件在于相信每个个体都具有一定的创造力。"激智"指的是激发个体的潜在智慧。首先，召开会议时存在时间限制，这使得会议气氛变得紧张起来，参会人员将大脑调整至最兴奋的状态，在这种状态下，人们往往会产生更多的创造性设想。其次，因为参会人员是有限的，这就令每个参加会议的人员都能够清晰、充分地将自身观点表达出来，这有利于激发人们的积极性，能够让个体价值得到有效的展现。无论采取何种形式展开交流，人们之间的沟通都能够保证较强的有效性，人们能够从多种角度和方面展开思想交流，从而能够提升思维流程的数量和质量。所以，可以说，智力激励法是从最初的"独奏"逐渐开始转变为最后的"共振"，并且得到成果，所以这种方法得到了普遍的应用。

二、智力激励法的运用要点

智力激励法的应用形式往往在召开会议时使用。它有以下几个具体的实施步骤：

（一）准备

1. 选取会议主持人

智力激励会议的主持人不仅要熟练地掌握智力激励法的原则、方法、原理、程序等，还有了解会议所解决的具体问题，并且能够对会议中的种种情况加以灵活应对，确保会议始终保持愉快自由的氛围，让与会者顺利地通过发言得出最佳设想。

2. 明确会议主题

问题提出者和会议主持人共同展开探究，将会议所探讨的课题确定出来。所确定出来的课题应当是具体单一的，对于复杂的问题应首先将其拆离开来，确保会议的主体目标十分明确。

3. 确定与会人员

参会的人数应当控制在 5 至 10 人这个范围内，在选取与会人员时要对他们的专业构成加以考虑，既要保证参会的大部分人都拥有与课题相关的知识储备，同时也要邀请一些行业之外的人参加会议。参与会议的人员应彼此平等尊重、和谐共处，不可区别对待，这样能够避免参会人员形成一定的心理障碍。要在会议开始前几天把议题的背景、内容等相关信息发送给参会人员，从而让他们有充足的时间去做准备工作，能够提前酝酿解决问题的设想。

（二）热身

之所以在智力激励会议中设置热身环节，主要的目的在于让参会人员以较快的速度进入自己的"角色"。主持人可以灵活设定参会人员热身的时间。热身的方式也并非是固定不变的，既能够通过讲故事、出脑筋急转弯问题等形式热身，也能够通过播放创意方面的视频或音频等来热身，但无论采取何种方式热身，其最终目的都是营造轻松热烈的会议氛围，让参会人员在最短的时间内将自身调整至最佳的创造状态。

（三）明确问题

在明确问题的阶段，主持人主要负责对会议要解决的问题加以介绍。在介绍的过程中，主持人应当始终遵循简明扼要原则和启发性原则。遵循简明扼要原则，要求会议主持人仅仅将最少的问题信息提供给参与会议的人员，不要把过多的背景信息提供给参会者，更不要将自身的设想在此时表述出来。其原因在于若是主持人所说出的内容过多不仅无法给予与会人员的思维活动有效的帮助，反而会形成某种束缚，让与会人员无法充分扩散和发挥自己的思维活动。所以，主持人要做的仅仅是简要地对问题的实质做出一定的解释。遵循启发性原则，要求主持人在陈述问题时，尽量引发大家对该问题的兴趣，尽量拓宽与会人员的思路。

（四）畅谈

在智力激励会议中，最为核心和重要的一个环节就是畅谈，它在很大程度上决定着会议能否取得成功。其要点在于通过种种有效的途径让会议生成一种激励气氛，让参会人员在心理和思维层面都能够不受阻碍，确保思维的自由度，并且通过不同参会人员之间的信息互补、知识互补和情绪激励等，让会议中涌现出很多具有价值的设想。

在该阶段要注意对下列事项进行遵守：第一，保持会议始终围绕同一中心展开，参会人员不可私自进行沟通，否则会令参会人员分散注意力，并且会生成潜在的评判作用。第二，不许以权威或集体意见的方式妨碍他人提出个人的设想。第三，设想表述力求简明、扼要，每次只谈一个设想，以保证此设想能获得充分扩散和激发的机会。第四，所提设想一律记录。第五，与会者不分职位高低，一律平等对待。

主持人视实际情况决定该阶段的时长，通常来说畅谈阶段维持在一个小时以内。

（五）整理

在畅谈环节完毕之后，主持人可以组织专人来整理会议上所出现的所有设想，并对其加以分类梳理，在此基础上提炼其中的精华。若是最终所得到的设想能够令问题得到妥善的解决，那么智力激励会实际上就达成了预期目的。若是问题并没有得到有效的解决，那么就可以继续策划和实施后续的智力激励会。

总体综合来看，智力激励法更适于对那些简单、严格确定的问题加以解决。

在平时的工作中，需要做出决策的往往是公司的领导者，而领导本身的智慧、精力等无疑是有限度的，并且其看待问题的视角也通常较为单一。所以，领导在工作中也不可避免地存在着一些困惑。在实施活动的具体过程中，因为领导的头脑中存在着一些思维定式，所以他们可能总是按照特定的模式来制定活动方案，这种相似的方案让员工在实施的过程中会产生厌倦感，无法充满热情地投入工作，因此所取得的活动效果也无法达成期望；再如，领导在管理过程中也会面对一些难以妥善处理的问题，往往是经过了长期努力地思索也无法搜寻到恰当的解决办法。此时，领导就可以召开智力激励会议，通过会议听取员工的设想和意见，并从中找出有效的解决问题的方法，这样不仅能够集中众人的智慧解决问题，还能够让员工更加积极地对待工作，并且还能够有效地避免在决策上出现失误。应当指出的是，此种会议在正式场合或非正式场合中展开都是可以的。在非正式场合中，氛围不那么严肃，整体给人的感觉较为轻松，没有太大的顾忌，从而有利于人们更加自由、畅快地表达自己的想法和意见。在这种自由的沟通和交流中，方案或者创意就会慢慢浮出水面，之后再开展针对性的论证或者研究，就能够逐步生成经得起检验的成果。

通过实践可知，无论在何种管理工作中，对智力激励法加以合理巧妙地利用，都能够有效地拉近上级和下级之间的关系，充分地发挥众人的智慧，从而生成一系列好的方案和设想，并制定出能够落实的工作措施，找出解决问题的最佳方法。

第二节 逻辑推理法

逻辑学这门学科重点对人类的思维规律、思维形式等进行探索。我们能够在创造性思维中融入逻辑学知识，去对问题的本质、规律和特点等展开探索，这种方法就是本部分所要讲解的逻辑推理法。依照思维操作的不同特点，我们又能够进一步把逻辑推理法划分成如下几种方法：类比法、移植法、归纳法、演绎法等。这些方法常常能够揭示出事物的相关关系或者因果关系，从而使创新活动从最初的朦胧状态逐渐变得更为清晰和准确。

一、类比创造法

类比是将一类事物的某些相同方面进行比较，以另一事物的正确或谬误证明这一事物的正确或谬误。这是运用类比推理形式进行论证的一种方法。类比法也叫"比较类推法"，是指由一类事物所具有的某种属性，可以推测与其类似的事物也应具有这种属性的推理方法。其结论必须由实验来检验，类比对象间共有的属性越多，则类比结论的可靠性越大。

相较于其他的推理方式来说，类比推理属平行式的推理。无论哪种类比都应该是在同层次之间进行。类比推理是一种或然性推理，前提真结论未必就真。要提高类比结论的可靠程度，就要尽可能地确认对象间的相同点。相同点越多，结论的可靠性程度就越大，因为对象间的相同点越多，二者的关联度就会越大，结论就可能越可靠。反之，结论的可靠性程度就会越小。此外，要注意的是类比前提中所根据的相同情况与推出的情况要亨有本质性。如果把某个对象的特有情况或偶有情况硬类推到另一对象上，就会出现类比不当或机械类比的错误。

类比法的作用是"由此及彼"。如果把"此"看作前提，"彼"看作是结论，那么类比思维的过程就是一个推理过程。古典类比法认为，如果我们在比较过程中发现被比较的对象有越来越多的共同点，并且知道其中一个对象有某种属性而另一个对象还没有发现这种属性，这时候人们头脑就有理由进行类推，由此认定另一对象也应有这种属性。现代类比法认为，类比之所以能够"由此及彼"，之间经过了一个归纳和演绎程序即：从已知的某个或某些对象具有某属性，经过归纳得出某类所有对象都具有这种属性，然后再经过一个演绎得出另一个对象也具有这种属性。现代类比法是"类推"。

二、移植创造法

（一）移植法的定义

移植法指的是将某领域、某学科的技术、方法或原理等应用或融入其他的领域和学科，促使这些领域能够通过新的创造性思维方法来解决问题。移植法的原理是在各种理论和技术之间的互相转移。通常来说，它会将成熟、完备的成果在新领域中加以应用，从而促使新问题得到更加顺畅的解决，所以说，它是既有成果和理论在新条件下的再创造和拓展。

移植这一词汇在我国古代就已经存在了。移植又被称作"移栽"。在农业领域，移植指的是把秧苗从苗床上挖起来，把它移动到其他的地方或者是大田中进行栽种。林业上的移植是指将树木或果树的苗木移栽别处。医学上的移植是指将身体的某一器官或某一部分，移植到同一个体（自体移植）或另一个体（异体移植）的特定部位，而使其继续生活的一种手术。移栽植物、移植动物器官，只是人类在农业和林业劳动中创造的一种技术；在医学上创造的一种手术。作为移植创新法，则是科学创造的一种重要方法。

科学技术在综合—分化—交叉中形成各种专门学科或专业技术。人类在某一领域内取得的科学理论或技术发明，包括进行该项科研或发明的创造环境、过程、思路、方法和手段，可能在其他学科或技术领域具有同等重要甚至更为重要的创造性意义。比如在科学上，化学家应用量子力学定律来解释各种化学现象、形成了新的化学理论——量子化学。在技术上，发明和革新的创新性转移更是数不胜数。诸如汽车发动机上的汽化器原理来自香水喷雾器，新式声音除尘器装置构造类似高音喇叭，无轮电车的运行采用的是滑冰鞋溜冰的原理。外科手术中用来大面积止血的热空气吹风器原理和结构基本上与理发师手中的电吹风器相同。移植实质上就是各种事物的技术和功能相互之间的转移。

（二）移植法的基本方法

移植是交换被移植对象所在的时空位置与作用的方法。而技术和功能的转移是通过事物的原地、结构、材料和方法的移植而实现的。因此，移植创新技法也就分成原理移植、方法移植、结构移植、材料移植和综合移植创新五种技法。

1. 原理移植

原理移植指的是把某学科的科学原理"嫁接"到与之不同的学科之中，对其他学科中的问题加以解决。一项技术发明的原理，通过多种结构设计或者采用不同性能的材料和不同的加工制造方法进行物化，就能够达到不同的功能目的。因此，着眼现有事物，有目的地研究和利用其原理功能，开发原理功能的新领域或新用途，是技术创新活动的不竭源头。现有事物原理功能的新领域或新用途一经发现或开辟，只要赋予新的结构、新的材料或新的制造工艺，就会发明创造出新的产品。原理功能具有普遍性的意义和广泛的作用。参照某一产物的原理功能，依据新领域、新用途和新的技术要求，运用适合的材料和相应的制造方法，就可以创造出与原型完全不同的各种新东西。人们根据香水喷雾器的雾化原理功能，对构造、材料和加工制造条件的不同要求进行技术创造，研制出油漆喷枪、喷射注油壶、汽化器等原职功能相同、使用功能不同的产物。虽然香水喷雾器、油漆喷枪、喷射注油壶和汽化器是分别用于不同目的的不同事物，其内部构造、外观造型、制造材料、加工工艺都大相径庭，但它们的原理功能却是一样。

2. 方法移植

也就是把某领域、某学科的方法在其他领域或学科中加以应用，从而促使其问题得到有效的解决。科学研究的新理论，技术上的新发明，往往都在方法上有所突破和更新。这种方法的诞生和推广意义，也许要比科学研究和技术创造成果本身还要重要得多。方法的移植转移面更大，它能在很多科研领域和技术创造中发挥启迪和促化作用。自然科学理论的创新，深化了人类对客观世界的认识，而技术创造的成就，则为人类提供了日臻完善的使用功能和外观功能。方法是创立新理论和做出新发明的工具。科学研究技术发明从某种意义上讲，就是方法的进步与创新。科学研究和技术发明的方法包括发现问题的方法、观察事物的方法、思维分析的方法、统计计算方法、加工制造方法、实验和试验方法等。我们在此主要谈及加工制造方法的移植。加工制造是技术创造的必经之地。物质产品的加工制造方法既关系到发明创新的物化，又影响到发明创新投产后的质量和成本。在技术创造中时常遇到这种情况：某项发明的原理科学可行，结构设计合理，选用材料也合适，但产品的某些部分甚至整个产品一时无法制造出来。每种产品都是有生命周期的，从出生到退出市场的时间是有限的，为此必须解决加工制造技术问题。

3. 结构移植

即将某种事物的结构形式或结构特征，部分或整体地运用于另外某种产品的设计与制造。例如，缝衣服的线移植到手术中，出现了专用的手术线；用在衣服鞋帽上的拉链移植到手术中，完全取代用线缝合的传统技术，"手术拉链"比针线缝合快10倍，且不需要拆线，大大减轻了病人的痛苦。

4. 材料移植

将物质材料加以改变、添加某种物质或者进行处理后移用到其他的领域或物品上，创造出新的使用价值和新的功能，这就是材料移植。物质产品的使用功能和使用价值，除了取决于技术创造的原理功能和结构功能外，还取决于物质材料。许多工业产品，如含香味金属、药皂、纸质手绢、水泥弹簧等，实质上都是物质材料的创新性应用。它们多是变革原有产物的材料或者增添了其他物质。例如，在人们的心目中，造桥只能用砖石、木料、藤条、钢材、铁索、钢筋混凝土等材料。

5. 综合移植法

综合移植创新法是指将众多领域中的技术方法、结构、原理、材料汇集到一个新的创造对象上，进行综合性考察，从而得到新的创新性成果。工业机器人、宇航工程、克隆技术、海洋技术等都是综合移植的产物。

总之，通过移植事物的结构、原理、方法和材料，可以进入新的领域，创造出新的应用、新的发明。移植创新法具有能动性、变通性和多层次性的特点。

三、归纳创造法

所谓归纳推理，就是根据一类事物的部分对象具有某种属性，推出这类事物的所有对象都具有这种属性的推理，叫作归纳推理（简称归纳）。归纳是从特殊到一般的过程，它属于合情推理。

根据前提所考察对象范围的不同，可把归纳推理区分为完全归纳推理和不完全归纳推理。完全归纳推理考察某类事物的全部对象，不完全归纳推理则仅仅考察某类事物的部分对象。并进一步根据前提是否揭示对象与其属性间的因果联系，把不完全归纳推理区分为枚举归纳推理和科学归纳推理。现代归纳逻辑则主要研究概率推理和统计推理。

首先，归纳推理的前提是其结论的必要条件。其次，归纳推理的前提是真实的，但结论却未必真实，而可能为假。如根据某天有一只兔子撞到树上死了，推出每天都会有兔子撞到树上死掉，这一结论很可能为假，除非一些很特殊的情况发生。

我们可以用归纳强度来说明归纳推理中前提对结论的支持度。支持度小于50%的，则表明该推理归纳弱；支持度小于100%但大于50%的，表明该推理归纳强；归纳推理中只有完全归纳推理前提对结论的支持度达到100%，支持度达到100%的是必然性支持。

四、演绎创造法

（一）演绎法的概念

所谓演绎推理，就是从一般性的前提出发，通过推导即"演绎"，得出具体陈述或个别结论的过程。演绎推理的逻辑形式对于理性的重要意义在于，它对人的思维保持严密性、一贯性有着不可替代的校正作用。关于演绎推理，还存在以下几种定义：

①演绎推理是从一般到特殊的推理；

②它是前提蕴含结论的推理；

③它是前提和结论之间具有必然联系的推理；

④演绎推理就是前提与结论之间具有充分条件或充分必要条件联系的必然性推理。

演绎推理的逻辑形式对于理性的重要意义在于，它对人的思维保持严密性、一贯性有着不可替代的校正作用。这是因为演绎推理保证推理有效的根据并不在于它的内容，而在于它的形式。演绎推理最典型、最重要的应用，通常存在于逻辑和数学证明中。

（二）演绎法的基本方法

演绎推理有三段论、假言推理、选言推理、关系推理等形式。

1. 三段论

是由两个含有一个共同项的性质判断作前提，得出一个新的性质判断为结论的演绎推理。三段论是演绎推理的一般模式，包含三个部分：大前提——已知的一般原理，小前提——所研究的特殊情况，结论——根据一般原理，对特殊情况作出判断。

2. 假言推理

是以假言判断为前提的推理。假言推理可分为充分条件假言推理和必要条件假言推理两种。

3. 选言推理

是以选言判断为前提的推理。选言推理分为相容的选言推理和不相容的选言推理两种。

（1）相容的选言推理的基本原则

大前提是一个相容的选言判断，小前提否定了其中一个（或一部分）选言支，结论就要肯定剩下的一个选言支。

（2）不相容的选言推理的基本原则

大前提是个不相容的选言判断，小前提肯定其中的一个选言支，结论则否定其他选言支；小前提否定除其中一个以外的选言支，结论则肯定剩下的那个选言支。例如下面的两个例子：

①一个词，要么是褒义的、要么是贬义的、要么是中性的。"结果"是个中性词，所以，"结果"不是褒义词，也不是贬义词。

②一个三角形，要么是锐角三角形、要么是钝角三角形、要么是直角三角形。这个三角形不是锐角三角形和直角三角形，所以，它是个钝角三角形。

4. 关系推理

关系推理是前提中至少有一个是关系命题的推理。

下面简单举例说明几种常用的关系推理：

①对称性关系推理，如 1 米 =100 厘米，所以 100 厘米 =1 米；

②反对称性关系推理，a 大于 b，所以 b 小于 a。

第三节　组合法

一、组合法的概念

所谓的组合法，是以组合为基础的创新方法，即是将整个创造系统内部的要素分解、重组，与创造系统之间的要素进行组合，产生新的功能和最优结果的方法；是以两个或多个已有的技术、原理、形式、材料等要素为基础，按一定的规律或艺术形式进行组合，使之产生新的效用的创新思维方法。组合创新方法反映了当代技术发明的时代特征，由组合求发展，由组合产生创新，已成为当代创造活动的一种重要形式。

二、组合法的内涵

在当今世界，属于首创、原创的创新成果很少，大多数创新成果都是采用组合创新方法取得的。在组合创新时，组合只要合理有效，就是一项成功的创新。组合创新方法的特点是以组合为核心，把表面看来似乎不相关的事物，有机地结合在一起，合而为一，从而产生意想不到、奇妙新颖的创新成果。

组合的最基本要求是整体的各组或事物之间必须建立某种紧密关系，成为一个新生事物。一堆砖头放在一起只是一堆砖，只能算作杂乱堆放的混合物。一堆砖头若是按照一定的关系砌起来，就组合成一座建筑物。也就是说，不能产生有价值新生事物的胡乱拼凑、混合不叫组合。例如：自行车＋自行车＝双人自行车；数据＋文字＋图像＋声音＝多媒体；牙膏＋中草药＝中草药牙膏、飞机＋飞机库＋军舰＝航空母舰、中医＋西医＝中西医结合等。这些绝不是随意的凑合，而是属于我们所说的有机联系的创新组合。

世界上的事物千姿百态，可以进行的组合也是无穷无尽的。运用组合创新法时要注意以下问题：一是组合要有选择性。世界上的事物千千万万，将其一样一样不加选择地加以组合是不可能的，应该选择适当的物品进行组合，不能勉强凑合。二是组合要有实用性。通过组合要能提高效益、增加功能，使事物相互补充，取长补短，和谐一致。如将普通卷笔刀、盛屑盒、橡皮、毛刷、小镜子组合起来的多功能卷笔刀，不仅能削铅笔，还可以盛废屑、擦掉铅笔写错的字、照镜子，大大增加了卷笔刀的功能，实用性很强。三是组合应具创新性。通过组合要使产品内部协调，互相补充，互相适应，更加先进。组合必须具有突出的实质性特点和显著的进步，才能具备创新性。

三、组合法的一般规律

把产品看成若干模块的有机组合，只要按照一定的工作原理，选择不同的模块或不同的方式进行组合，便可获得多种有价值的设计方案。组合要恰当，单纯的罗列是没有任何意义的。组合在功能上应该是 1+1>2，在结构上应该是 1+1<2。这样就要求尽量减少中间环节，利用中间环节。将两物组合制作成一件物品，由于这样的组合精简了生活用品的数量，所以可使生活更为方便。如果两物组合后同时产生异化，从而产生第三种功能，这就是一种高级的组合，是一个很值得研究的方向。这种"组合异化"是设计学的一种发展。

进行组合时，其形式多种多样、千变万化，下面介绍几种常用的组合形式：

①把不同的功能组合在一起而产生新的功能，如将台灯与闹钟组合成定时台灯；将奶瓶与温度计组合成知温奶瓶等。

②把两种不同的功能的东西组合在一起增加使用的方便性，如将收音机与录

音机组合成收录机；将开瓶器和收集瓶盖的装置组合成可收集瓶盖的开瓶器等。

③把小东西放进大东西里，不增加其体积使功能增加，如将圆珠笔放进拉杆式教鞭里形成两用教鞭。

④利用词组的组合产生新产品。如将"微型"与系列名词组合可以得到微型车、微型灯、微型洗衣机、微型电视、微型电扇等。

四、组合法的类型

组合法不是以崭新技术原理为基础的基本发明或独立发明，而是以已有技术原理、手段、现象或材料为基础，通过巧妙地选择与组合创造出具有新功能的事物的方法。运用组合法进行发明创造时，最富创造性之处就在于组合要素的选择和新颖组合方式的提出。组合要素和组合方式越多也就意味着组合法的分类越丰富。根据不同的分类标准，可以将组合法分成不同的类型。

①按组合要素不同，组合法可以分为技术手段的组合，如 CT 扫描仪就是将电子计算机与 X 射线照相装置结合起来用以诊断体内疾病的组合型仪器；原理组合，如空调就是将制冷和制热两种原理结合起来使用的设备；现象组合，如将两种或两种以上的科学现象组合在一起，形成新的技术原理；还有以合金制品为代表的材料组合等。

②按组合方式不同，可以将组合法分为将两个相同或相反的事物结合到一起的成对组合；将外在因素组合入系统内部的内插式组合；将核心因素安插入不同系统的辐射组合；还有将不同系统之间的要素进行交叉组合的系统组合等。

③按组合的难易程度不同，将组合形式分为非切割组合，即将现有的东西不加任何改造，或仅稍做外形改变，将原有的功能用于新的目的。如将防寒的棉手套用于隔热取物；通过切割的组合，即将现有东西中的部分结构要素切割开来，将这些结构要素所具有的功能组合起来，用于新的目的，如为邮局设计的一端是胶水、另一端是写字笔的"胶水笔"；飞跃性的组合，运用已积累的大量知识、经验或偶然捕获的信息，以创造性思维变革知识、信息结构，从而产生飞跃性的创见、设想，以至最终创造出与现有东西在本质上有所不同的东西。

组合法的类型多种多样，迄今为止，组合法还未有一个统一的分类标准。本书根据参与组合的组合因子的性质、主次以及组合的方式，将组合法类型大体分为 5 大类。

（一）近缘组合

所谓的近缘组合，就是指两个或两个以上容易被想到、相互间差距不太远而有着密切关系的事物被组合在一起的方法。其特点是参与组合的对象与组合前相比，其基本性质和结构没有根本变化，只是通过数量的变化来弥补功能上的不足或得到新的功能。近缘组合又分为"同物组合"和"同类组合"两种。"同物组合"是指通过两个或多个相同事物之间的组合，形成新结构和功能的组合。例如装在一起的子母灯、双拉链、鸳鸯宝剑、双插座等都是最简单的同物组合。"同类组合"，是指根据不同需要，将本来有着密切关系的两个或两个以上的事物组合在一起，产生新设计。例如，在各大商场文教用品专柜前，我们能看到各种组合文具包装精美，样式各异，品种齐全，里面装有订书机、剪刀、铅笔、圆珠笔、告事贴等，这就是一种简单的同类组合。近缘组合的模式是：a+a=N。简单的事物可以自组，复杂的事物也可以自组。

近缘组合的应用一般遵循以下程序：第一，思考近缘组合的效果。任何事物都可以自组，但自组后的效果很不一样。在运用近缘组合时主要追求的是量变引起的质变。第二，解决近缘组合的结构问题。近缘组合过程中，参加组合的对象同组合前相比，其工作原理和基本结构没有什么变化，并在组合体中具有结构上的对称性。因此，近缘组合在连接上是比较容易的。但是对于某些创造性较强的同物自组，可能在结构设计时还是会碰到技术难题。这时，近缘组合能否成功就取决于创造者解决技术问题的能力。例如，普通电风扇因为只有一面叶片，所以只能向一个方向送风，即使加上摇头装置，也无法同时向多个方向传递凉意。某公司在革新电风扇时，运用同物组合的思路，提出三轴电风扇的新设想，经研制获得成功。这种"球面魔扇"以一个强大主马达经精密特殊的传动，带动3面叶片同时运转送风，并附有电脑控制器，可控制3面叶片作360°回转或定点式3个方向同时送风，以加速空气对流。

（二）远缘组合

所谓远缘组合，是指两个或两个以上不同领域中的技术思想或两种以上不同功能的物质产品的组合，组合的结果带有不同的技术特点和技术风格。远缘组合实际上是异中求同、异中求新，由于其组合元素来自不同领域，参与对象能从意义、原理、构造、成分、功能等任何一个方面或多个方面进行互相渗透，从而使整体发生深刻变化，产生新的思想或新的产品。远缘组合的模式是：a+b=N。

远缘组合一般要遵循以下运用程序；第一，要确定一个基础组合元素。例如打算发明一种新式的牙刷。第二，根据发明创造的目的，进行联想和扩散思维，以确定其他组合元素。例如希望这种新式牙刷能够督促小朋友们及时刷牙，那就要考虑能起到督促作用的方式有哪些，如闹钟、提示器、哨子、红绿灯、上课铃等，还有小朋友喜欢的东西有哪些，如玩具、游戏、笑脸、父母的拥抱和亲吻等。第三，要把组合元素的各个部分、各个方面和各种要素联系起来加以考虑。如果将以上考虑到的元素与牙刷相结合，就能产生很多新式牙刷的创意，如玩具形状的定时牙刷、录制父母声音的牙刷、笑脸样式的牙刷等。

远缘组合具有以下几个特点：第一，被组合的事物来自不同的方面、领域，它们之间一般无明显的主次关系；第二，组合过程中，参与组合的事物从意义、原理、构造、成分、功能等方面可以互补和相互渗透，产生 1+1>2 的价值，整体变化显著；第三，异类组合实质上是一种异类求同，因此创新性较强。

（三）主体附加组合

主体附加组合又称添加法、主体内插式法，是指以某一特定的事物为主体，通过补充、置换或插入新的事物，而得到新的有价值的整体。例如，最初的洗衣机只有搓洗功能，以后增加了喷淋、甩干装置，使洗衣机有了漂洗和烘干功能；电风扇开始也只有简单的吹风功能，后来逐渐增加了控制摇头、定时、变换风量等的装置后，才成为今天的样子；手机一开始叫大哥大，只有通话的功能，现在附加了短信、上网、照相等多种功能。

在主体附加组合中，主体事物的性能基本上保持不变，附加物只是对主体起补充、完善或充分利用主体功能的作用。附加物可以是已有的事物，也可以是为主体设计的附加事物。例如，在文化衫上印上旅游景点的标志和名字，就变成了具有纪念意义的旅游商品。同样，一本著作有了作者的亲笔签名，其意义也会不同。主体附加组合有时非常简单，人们只要稍加动脑和动手就能实现。只要附加物选择得当，同样可以产生巨大的效益。例如，现在智能手机不仅是人们追求的时尚产品，也是未来手机发展的新方向，"智能手机"这个词汇频频出现在各大媒体里，不断冲击着消费者的神经。那么，到底什么是智能手机呢？智能手机实际上是结合了传统手机和 PDA（个人数字助理）的一种新兴的科技产品。它不仅具备普通手机的全部功能，而且像一部小型的电脑，比传统的手机具有更多的综合性处理功能。成为一部智能手机所必备的几个条件是：①具备普通手机的全部功能，能够进行正常通话、发短信等；②具备无线接入互联网的能力；③具备 PDA 的功能，包括 PIM（个人信息管理）、日程记事、任务安排、多媒体应用、浏览网页等；④具备一个开放性的操作系统，在这个操作系统平台上，可以安装更多的应用程序，从而使智能手机的功能可以得到无限扩展。

（四）重组组合

重组组合简称重组，是指在同一个事物的不同层次上分解原来的事物或者组合，然后再以新的方式重新组合起来。重组组合只改变事物内部各组成部分之间相互位置，物的性能，它是在同一事物上施行的，一般不增加新的内容。

任何事物都可以看作由若干要素构成的整体。各组成要素之间的有序结合，整体功能和性能实现的必要条件。如果有目的地改变事物内部结构要素的次序，进行重新组合，以促使事物的功能和性能发生变革，这就是重组组合。

重组组合能引起事物属性的变化。例如，传统玩具中的七巧板、积木，现在流行的拼板、变形金刚等，就是让孩子们通过一些固定板块、构件的重新组合，创造出千姿百态、形状各异的奇妙世界。组合玩具之所以很受儿童欢迎，是因为不同的组合方式可以得到不同的模型。由北京市某家具公司开发设计的新型构件家具，由 20 多种基本板件组成。通过不同的组合，能拼装出数百种款式的家具，使人们不仅可以随意改变家具的式样，还可以随意改变房间内的布局，充分体现主人的审美观念。重组组合作为一种创新手段，可以有效地挖掘和发挥现有事物的潜力。

重组组合有以下三个特点：第一，重组组合是在一件事物上施行的；第二，在重组组合过程中，一般不增加新的东西；第三，重组组合主要是改变事物各组成部分之间的相互关系。

在进行重组组合时，首先要分析研究对象的现有结构特点。其次，要列举现有结构的缺点，考虑能否通过重组克服这些缺点。最后，确定选择什么样的重组方式，包括变位重组、变形重组、模块重组等。

（五）综合组合

所谓综合，即是对大量先进事物、思想、观念等实行融合并用，而形成新的有价值整体。综合是各类组合的集大成者，是一种更高层次的组合，具有系统性、完整性、全面性和严密性的特点。

在管理领域，企业采用多种方法对资金、物流、人力资源等进行有效管理、项目管理、ERP 和 CRM、IS。国际质量标准等管理方法综合并存，从而创造出有自己特色的管理方法和模式，如 ABC 管理模式和海尔管理模式。综合不是杂乱无章的"大拼盘"，而是完美的有机结合。在艺术上的综合也不例外。比如，陈钢、何占豪将传统越剧优美的旋律与交响乐浑厚的表现方式完美结合，奏出了轰动世界的《梁祝》；徐悲鸿、蒋兆和将中西画功底与表现技巧巧妙结合，创造出丹青泼墨等。在文学艺术创作中，综合一些人的特点，然后集中到一个人的身上，便能创造出典型人物，使之形象鲜明，血肉丰满，这是作家塑造人物形象的重要手段。现代科学技术突飞猛进，边缘学科不断兴起，各种科学技术你中有我，我中有你，呈现出各种综合化的趋势。这种综合化的趋势，使人们认识到那些大科学家，都是因为搞综合才有了重大突破性的成功。在科学技术史上，阿波罗登月计划是非常著名的典型案例。综合创新，从综合来说，是创新的综合；从创新来说，是综合的创新。这里的综合具有为创新提供基础和条件的意义。

第四节　TRIZ 法

一、TRIZ 的含义

TRIZ 的含义是发明问题解决理论，它是由苏联发明家阿利赫舒列尔（G.S.Altshuller）在 1946 年创立的，阿利赫舒列尔也被尊称为 TRIZ 之父。1946 年，阿利赫舒列尔开始了发明问题解决理论的研究工作。当时他在苏联里海海军专利局工作，在处理世界各国著名的发明专利过程中，他总是考虑这样一个问题：当人们进行发明创造、解决技术难题时，是否有可遵循的科学方法和法则，从而能迅速地实现新的发明创造或解决技术难题呢？答案是肯定的！他发现任何领域的产品改进、技术的变革、创新和生物系统一样，都存在产生、生长、成熟、衰老、灭亡的过程，是有规律可循的。人们如果掌握了这些规律，就能能动地进行产品设计并能预测产品的未来趋势。以后数十年中，阿利赫舒列尔穷其毕生的精力致力于 TRIZ 理论的研究和完善。在他的领导下，苏联的研究机构、大学、企业组成了 TRIZ 的研究团体，分析了世界近 250 万份高水平的发明专利，总结出各种技术发展进化遵循的规律模式，以及解决各种技术矛盾和物理矛盾的创新原理和法则，建立一个由解决技术问题、实现创新开发的各种方法、算法组成的综合理论体系，并综合多学科领域的原理和法则，建立起 TRIZ 理论体系。

阿利赫舒列尔和他的 TRIZ 研究机构 50 多年来提出了 TRIZ 系列的多种工具，如冲突矩阵、76 标准解答、ARIZ、AFD、物质—场分析、ISQ、DE、8 种演化类型、科学效应等，常用的有基于宏观的矛盾矩阵法（冲突矩阵法）和基于微观的物场变换法。事实上 TRIZ 针对输入输出的关系（效应）、冲突和技术进化都有比较完善的理论 c

矛盾（冲突）普遍存在于各种产品的设计之中。按传统设计中的折中法，冲突并没有彻底解决，而是在冲突双方取得折中方案，或称降低冲突的程度。TRIZ 理论认为，产品创新的标志是解决或移动设计中的冲突，而产生新的有竞争力的解。设计人员在设计过程中不断地发现并解决冲突是推动产品进化的动力。

技术冲突是指一个作用同时导致有用及有害两种结果，也可指有用作用的引入或有害效应的消除导致一个或几个系统或子系统变坏。技术冲突常表现为一个系统中两个子系统之间的冲突。

现实中的冲突是千差万别的，如果不加以归纳则无法建立稳定的解决途径。TRIZ 理论归纳出 39 个通用工程参数描述冲突（目前最新的理论，已经将工程参数扩充到 48 个，并且提出了商业参数共 31 个）。实际应用中，首先要把组成冲突的双方内部性能用该 39 个工程参数中的至少 2 个来表示，然后在冲突矩阵中找出解决冲突的发明原理。

TRIZ 中的发明原理是由专门研究人员对不同领域的已有创新成果进行分析、总结，得到的具有普遍意义的经验，这些经验对指导各领域的创新都有重要参考价值。目前常用的发明原理有 40 条，实践证明这些原理对于指导设计人员的发明创造具有重要的作用。当找到确定的发明原理以后，就可以根据这些发明原理来考虑具体的解决方案。应当注意尽可能将找到的原理都用到问题的解决中去，不要拒绝采用任何推荐的原理。假如所有可能的原理都不满足要求，则应该对冲突重新定义并再次求解。

20 世纪 80 年代中期前，该理论对其他国家保密，80 年代中期，随一批科学家移居美国等西方国家，逐渐把该理论介绍给世界产品开发领域，对该领域已产生了重要的影响。

二、理论核心

它的理论核心包括基本理论和原理，具体有以下六点：

①总论（基本规则、矛盾分析理论、发明的等级）；

②技术进化论；

③解决技术问题的 39 个通用工程参数及 40 个发明方法；

④物场分析与转换原理及 76 个标准解法；

⑤发明问题的解题程序（算子）；

⑥物理效应库。

总之，TRIZ 是一个包括由解决技术问题，实现创新开发的各种方法到算法组成的综合理论体系。在 TRIZ 理论中，在迈向解决问题的流程上，须先抛开各式各样客观的限制因素，通过理想化来定义问题的最终理想解，以明确理想解所存在的方向和位置，以求在设计解决问题的过程中沿着此目标前进并获得最终理想解，从而避免传统创新设计方法中以 Brain stroking 或 Try&Error 方式缺乏目标的弊端，提升创新设计的效率。

三、核心思想

TRIZ 理论的核心思想包括三个方面：第一，无论是一个简单的产品还是复杂的技术系统，其核心技术都是遵循客观规律发展演变的，即具有客观的进化规律和模式；第二，各种技术难题、冲突和矛盾的不断解决是推动这种进化过程的动力；第三，技术系统发展的理想状态是用最少的资源实现最大数目的功能。

相对于传统的创新方法，TRIZ 理论具有鲜明的特点和优势。它成功地揭示了创造发明的内在规律和原理，快速确认和解决系统中存在的矛盾，而且它是在技术的发展进化规律及整个产品发展过程的基础上运行的。因此，运用 TRIZ 理论可大大加快发明创造的进程，提高产品创新速度。具体来说，它可以帮助我们对问题情境进行系统的分析；快速发现问题本质；准确定义创新性问题和矛盾；对创新性问题或者矛盾提供更合理的解决方案和更好的创意；打破思维定式，激发创新思维，从更广阔的视角看待问题；基于技术系统进化规律准确确定探索方向，预测未来发展趋势，开发新产品；打破知识领域界限，实现技术突破。TRIZ

理论将所面临的不同问题，根据所要创新的级别加以分类，然后从 TRIZ 理论中找出适合的工具和模型来系统化地解决问题。用一整套的方法来处理创新问题也是 TRIZ 的精髓所在。

四、基本概念

在 TRIZ 理论中，有很多专业概念与我们日常涉及的内容有所不同，所以在学习 TRIZ 理论之前有必要对概念先有个初步的了解，以便更好地理解和应用 TRIZ。

（一）技术系统

所有运行某个功能的事物统可称为技术系统。任何技术系统均包括一个或多个子系统，每个子系统执行自身的功能，并且它还可分为更小的子系统。TRIZ 中最简单的技术系统，是由两个元素以及两个元素间传递的能量组成。例如，技术系统"汽车"由"引擎""换向装置"和"刹车"等子系统组成，而"刹车"又由"踏板""液压油"等子系统组成。所有的子系统均在更高层系统中相互连接，任何子系统的改变将会影响到更高层级系统的性能，当解决技术问题时，常常要考虑与其子系统和更高层系统之间的相互作用。

（二）技术系统进化论

技术系统进化论属于 TRIZ 的基础理论，其主要观点是：科技产品的进化并不是随意的，也同样遵循着一定的客观规律和模式。所有技术的创造与升级都是向最强大的功能发展的。阿奇舒勒通过对大量的发明专利进行分析，发现所有产品向最先进的功能进化时，都有一条'小路'引领着它前进。这条"小路"就是进化过程中的规律，用图例表示出来就是一条 S 形的"小路"，即所谓的 S 曲线。任何一种产品、工艺或技术都在随着时间的演进向着更高级的方向发展和进化，并且它们的进化过程都会经历相同的厂个阶段。试想我们平日里用的手机，如果没有引入"红外""蓝牙""MP3"等新技术，而是一直停留在只有"通话"功能的水平上，那就必然不会带动产品的进化与升级，也就不会有高利润的效益。

（三）矛盾

TRIZ 理论认为，创造性问题是指包含至少一个矛盾的问题。当技术系统某个特性或参数得到改善时，常常会引起另外的特性或参数发生变化，该矛盾称为

"技术矛盾"。解决技术矛盾问题的传统方法是在多个要求间寻求"折中"，也就是"优化设计"，但每个参数都不能达到最佳值。而 TRIZ 则是努力寻求突破性方法消除冲突，即"无折中设计"。TRIZ 的另一类矛盾是"物理矛盾"，即系统同时具有矛盾或相反要求的状态。例如，软件容易使用，但同时需要许多复杂功能和选项来提供支持。

在 TRIZ 中，工程中所出现的种种矛盾可以归结为 3 类：一类是物理矛盾，一类是技术矛盾，还有一类是管理矛盾。通俗来讲，物理矛盾是指系统（系统指的是机器、设备、材料、仪器等的统称）中的问题是由 1 个参数导致的。其中的矛盾是，系统一方面要求该参数正向发展，另一方面要求该参数负向发展；技术矛盾是指系统中的问题是由 2 个参数导致的，2 个参数相互促进、相互制约；管理矛盾是指子系统之间产生的相互影响。

①物理矛盾：TRIZ 理论中，当系统要求一个参数向相反方向变化时，就构成了物理矛盾，例如，系统要求温度既要升高，也要降低；质量既要增大，也要减小；缝隙既要窄，也要宽等。这种矛盾的说法看起来也许会觉得荒唐，但事实上在多数工作中都存在这样的矛盾。如现在手机制造要求整体体积设计得越小越好，便于携带，同时又要求显示屏和键盘设计得越大越好，便于观看和操作，所以对手机的体积设计具有大、小两个方面的要求，这就是手机设计的物理矛盾。物理矛盾一般来说有两种表现：一是系统中有害性能降低的同时导致该子系统中有用性能的降低。二是系统中有用性能增强的同时导致该子系统中有害性能的增强。

②技术矛盾：所谓的技术矛盾就是由系统中 2 个因素导致的矛盾，这 2 个参数相互促进、相互制约。TRIZ 将导致技术矛盾的因素总结成通用参数。TRIZ 的发明者阿奇舒勒通过对大量发明专利的研究，总结出工程领域内常用的表述系统性能的 39 个通用参数，通用参数一般是物理、几何和技术性能的参数。

③管理矛盾：所谓管理矛盾是指，在一个系统中，各个子系统已经处于良好的运行状态，但是子系统之间产生不利的相互作用、相互影响，使整个系统产生问题。比如：一个部门与另一个部门的矛盾，一种工艺与另一种工艺的矛盾，一种机器与另一种机器的矛盾，虽然各个部门、各种工艺、各种机器等都达到了自身系统的良好状态，但对其他系统产生了副作用。

（四）分离原理

分离原理是 TRIZ 针对物理矛盾的解决而提出的，其主要内容就是将矛盾双方分离，分别构成不同的技术系统，以系统与系统之间的联系代替内部联系，将内部矛盾外部化（后面将详细解释分离原理的具体应用）。以解决上面的例子为例来说明，应用分离原理可以这样解决物理矛盾：根据手机整体设计趋向最小化的要求，可以在整体体积固定的情况下，将手机的显示屏和键盘分离，使其重叠，令表面上显示屏最大化，键盘做成隐藏式的，使用键盘时可以从显示屏后将键盘抽出，如此就能解决手机设计存在的物理矛盾。

（五）主要内容

创新从最通俗的意义上讲就是创造性地发现问题和创造性地解决问题的过程，TRIZ 理论的强大作用正在于它为人们创造性地发现问题和解决问题提供了系统的理论和方法。

现代 TRIZ 理论体系主要包括以下几个方面的内容：

1. 创新思维方法与问题分析方法。TRIZ 理论提供了如何系统分析问题的科学方法，如多屏幕法等；而对于复杂问题的分析，则包含了科学的问题分析建模方法——场分析法，它可以帮助人快速确认核心问题，发现根本矛盾所在。

2. 技术系统进化法则。针对技术系统进化演变规律，在大量专利分析的基础上 TRIZ 理论总结提炼出八个基本进化法则。利用这些进化法则，可以分析确认当前产品的技术状态，并预测未来发展趋势，开发富有竞争力的新产品。

3. 技术矛盾解决原理。不同的发明创造往往遵循共同的规律。TRIZ 理论将这些共同的规律归纳成 40 个创新原理，针对具体的技术矛盾，可以基于这些创新原理、结合工程实际寻求具体的解决方案。

4. 创新问题标准解法。针对具体问题的物一场模型的不同特征，分别对应有标准的模型处理方法，包括模型的修整、转换、物质与场的添加等。

5. 发明问题解决算法 ARIZ。主要针对问题情境复杂，矛盾及其相关部件不明确的技术系统。它是一个对初始问题进行一系列变形及再定义等非计算性的逻辑过程，实现对问题的逐步深入分析，问题转化，直至问题的解决。

6. 基于物理、化学、几何学等工程学原理而构建的知识库。基于物理、化学、几何学等领域的数百万项发明专利的分析结果而构建的知识库可以为技术创新提供丰富的方案来源。

（六）40个创新原理

TRIZ理论成功地揭示了创造发明的内在规律和原理，着力于澄清和强调系统中存在的矛盾，其目标是完全解决矛盾，获得最终的理想解。它不是采取折中或者妥协的做法，而且它是基于技术的发展演化规律研究整个设计与开发过程，而不再是随机的行为。实践证明，运用TRIZ理论，可大大加快人们创造发明的进程而且能得到高质量的创新产品。1946年阿奇舒勒进入苏联海军专利局工作，有机会接触了来自不同国家、不同工程领域内的大量专利。在分析这些专利的过程中，他发现，这些专利虽然来自不同国家、不同领域，而且解决的也是不同的问题，实现的是对不同系统的改进，但是，这些专利是利用了某些相同的方法。也就是说，很多的原理和方法在发明的过程中是重复使用的。于是，他就想从大量的专利中找出那些基本的常用的方法。基于这样一种理念，他对于世界上不同领域的专利和方法进行了归纳和总结，提取出在专利中最常用的方法和原理，共总结出40种，他称为40个发明原理，见表2-4所示。

表2-4 40个发明原理

1. 分割	11. 事先防范	21. 减少有害作用的时间	31. 多孔材料
2. 抽取	12. 等势性	22. 变害为利	32. 颜色改变
3. 局部质量	13. 反向作用	23. 反馈	33. 均质性
4. 增加不对称性	14. 曲面化	24. 借助中介物	34. 抛弃或再生
5. 组合	15. 动态特性	25. 自服务	35. 物理或化学参数改变
6. 多用性	16. 未达到或过度的作用	26. 复制	36. 相变
7. 嵌套	17. 空间维数变化	27. 廉价替代品	37. 热膨胀
8. 重量补偿	18. 机械振动	28. 机械系统替代	38. 强氧化剂
9. 预先反作用	19. 周期性作用	29. 气压和液压结构	39. 惰性环境
10. 预先作用	20. 有效作用的连续性	30. 柔性壳体或薄膜	40. 复合材料

（七）TRIZ理论的特点和优势

相对于传统的创新方法，比如试错法、头脑风暴法等，TRIZ理论具有鲜明的特点和优势。它成功地揭示了创造发明的内在规律和原理，着力于澄清和强调系统中存在的矛盾，而不是逃避矛盾，其目标是完全解决矛盾，获得最终的理想解，而不是采取折中或者妥协的做法，而且它是基于技术的发展演化规律研究整个设计与开发过程，而不再是随机的行为。实践证明，运用TRIZ理论，可大大加快人们创造发明的进程而且能得到高质量的创新产品。它能够帮助我们系统地分析问题情境，快速发现问题本质或者矛盾，它能够准确确定问题探索方向，不会错过各种可能，而且它能够帮助我们突破思维障碍，打破思维定式，以新的视角分析问题，进行逻辑性和非逻辑性的系统思维，还能根据技术进化规律预测未来发展趋势，帮助我们开发富有竞争力的新产品。

第三章　创造性思维的深化技巧

第一节　打破思维惯性

一、思维的惯性

思维惯性又被称作惯性思维、思维定式，它指的是个体依照固定的、惯性的思路对问题加以分析和考量，并且个体在解决问题时也往往会运用特定的方式进行加工准备。思维惯性有着十分突出的个体性，因为它是个体在学习和实践的过程中逐渐沉淀和形成的自身对外部世界进行认知的方式和规律。

思维惯性产生自个体大脑中发挥基础作用的一些重要因素，例如知识、观念、经验、方法等，因此其作用和影响都十分广泛，所以说个体在成长和发展过程中往往会伴随着思维惯性的变化和发展，并且通常难以摆脱这种惯性，因为思维惯性是和主体的经验、知识、方法、观念等同时存在的。

一般来说，思维惯性具有以下几个特征：①趋向性。思维者无论遇到何种问题情境都趋向于将其归结成此前经历过的问题情境，此时思维空间呈现出明显的收缩性，有集中性思维的特点。②常规性。思维惯性往往会令个体形成常规性的思维方法，使得个体在遇到问题时会运用"常理"展开思索。③程序性。在思维惯性的作用下，个体的头脑已经形成了特定的套路，他们往往会运用套路对事物和问题展开观察和思索，运用某种程序来对问题进行思考和解决。

二、思维惯性的作用

思维惯性的存在使得个体习惯于依照常规对问题进行处理。若是外部的条件不发生改变，那么思维惯性能够促使个体在较短的时间内对外部事物进行感知，并在此基础上做出正确的反应和决策，从而有利于个体在短时间内对环境更加适应。但是思维惯性的不足之处在于它会给个体的创新思考造成一定的阻碍，不利于个体创造性的提升。

（一）积极作用

在个体解决问题的过程中，思维惯性通常发挥着如下作用：由当前问题出发联想到此前遇到过的近似问题，对新、旧问题的特征展开比较，从而发现二者的共同点，使得既有知识和经验能够和当前问题产生关联，利用此前处理旧问题的经验来对当前的问题进行处理，或者对新问题进行转化，使之变为某种自己比较熟悉的问题，从而做好解决新问题的心理准备。思维惯性能够简化个体解决问题的步骤，能够让个体的思考时间缩短，有效提高解决问题的效率。在平时生活中所遇到的大部分问题都能够借助思维惯性来解决。

详细而言，在解决问题时，思维惯性的内容主要涵盖了下列几点：一是，定向是令问题得到妥善解决的一个重要的前提条件。定向解决问题离不开清晰的目标，不然解决问题的过程就会变得十分盲目。二是，定向是达成既定目标的重要手段。从广义的角度来说，方法指的是对问题加以处理的工具，它将相关的知识和经验囊括其中。问题所属类型不同，所使用的方法自然也存在着差异。定向方法有利于针对性地解决问题。三是，定向是过程实施的规范。定向解决问题的活动具有突出的计划性和目的性，它定然需要依照特定的步骤展开，并遵守规范化的要求。

（二）消极作用

思维惯性可谓利弊共存，其消极的一面也值得引起人们的重视。它的存在容易使个体生成思维惰性，让个体在解决问题时始终沿用固定的、僵化的模式。当新问题表面上看起来和旧问题相似，但本质上却迥然不同时，思维惯性就会令个体无法顺利找到正确的解题思路。

种种以上事例都可以说明：思维惯性常常会给问题的解决带来一定的阻碍。当问题的条件从本质上出现变化时，个体若仍旧运用惯性思维来思考问题，就会走入"死胡同"，无法灵活地在新条件下做出新决策，从而造成知识和经验的负迁移。

各事物之间既存在着相似性，又必然具有一定的差异。而思维惯性则主要对事物的不变性和事物之间的相似性加以强调。可以说在思维惯性的推动下，人们往往试图以不变应万变。因此，当新、旧问题之间具有突出的相似性时，那么运用以往经验所形成的思维惯性能够令新问题得到更有效率的解决；而若是新、旧问题之间存在着较大的差异，那么个体的思维惯性就会给新问题的解决带来一定的阻碍。

从思维过程的大脑皮层活动情况看，惯性的影响是一种习惯性的神经联系，即前次的思维活动对后次的思维活动有指引性的影响。所以，当两次思维活动属于同类性质时，前次思维活动会对后次思维活动起正确的引导作用；当两次思维活动属于一类性质时，前次思维活动会对后次思维活动产生错误的引导作用。

三、思维惯性的特征及克服对策

（一）思维惯性的线性特征

一般来说，人的思维是将过往的知识经验、理性判断作为重要基础的，因此它往往会受固于线性的逻辑思维。如此一来，人们在考虑问题时往往更注重探究"为什么"，而不是思考还有什么其他的可能性。此种传统思维的思考线路是特定的，它往往是自上而下的垂直思考，并且往往被禁锢在一定的思维框架内，从而无法顺利实施创造性思考，这种思维方式被称作"垂直思维"。垂直思维通常具有如下特点：由前提条件进行推导，通过因果关系对结论进行推导，并且沿用特定的步骤。它自然具有一定的合理性，例如演绎、归纳等，是人们经常运用的一种思维方法，能够从深层次上表达和研究事物。但若是个体仅仅运用垂直思维来展开思考，那么它可能就不具备较强的创造性。

（二）思维惯性的克服对策

个体可以采用多种方法来克服思维惯性，例如通过想象思维、发散思维、多种创新方法等。从本质上来说，这些思维方式都是对垂直思维的突破，可以归结为水平思维的范畴。

水平思维又被称作水平思考法，亦即所谓的换向思考、换位思考、高位思考等，它是对非此即彼思维方式的一种突破，也是摆脱线性思维、逻辑思维的一种重要的思维方法。

水平思考法要求人们在对问题进行思考时不要受既有经验和知识的禁锢，不要被常规所限，而是尽量让自己所提出的观点和方案更具创造性。和垂直思维不同，水平思维不突出事物的确定性，而是更加强调不同选择所带来的更多可能性；

它注重的并非是对既有观点加以完善，而是怎样提出一种给全新的观点；它所追求的并非只有正确性，而更多地追求丰富性。

第二节 突破思维象限

创造性思维在创新能力中居于核心地位，而发散思维又为个体的创造性思维指明了方向，可以将发散思维视作创造性思维的起点。个体在对问题进行处理时，往往会沿多种方向扩展自己的思维，也就是呈现出发散性，让观念延伸到不同的方面和领域，从而从多个角度对答案进行探索，这无疑有利于新颖观念的生成。

一、发散思维概述

（一）发散思维定义

发散思维，又被称作放射思维、求异思维、辐射思维等，指的是个体大脑在思考过程中呈现扩散状态的一种思维模式，也就是说围绕预期目标或者是从思维起点出发，从多个角度和方向来提出设想，探索不同的解决问题的方法和途径。它表现为思维视野开阔，思维较为发散，能够针对同样的事物形成不同的看法。

依照心理学家的观点，创意思维将发散思维作为其关键的特点之一，并将发散思维作为对创造力加以评定的一个重要标志。与人的创造力密切相关的是发散性思维能力与其转换的因素。

传统思维是在知识和思维经验的土壤上对思维对象做出逻辑判断，而在创意思维中，人脑不再沿用传统线性思维，而是通过思维的发散让想法扩散至不同的维度和象限，延伸思维的触角，并时刻准备迎接灵感的到来。

（二）发散思维的特点

1. 流畅性

流畅性指的是观念的自由发挥，指的是个体在短时间内生成多种思维观念并将其表达出来，以及对新观念、新思想加以尽快消化和适应。流畅性能够视作对发散思维的速度和数量特征的反映。

2. 变通性

变通性指的是个体对头脑中既定的固化的思维框架加以克服，从不同于以往的角度来对问题展开思考的过程。变通性往往离不开跨域转化、横向类比、触类旁通，令发散思维从不同方向或者方面扩散，从而令思维具备突出的多面性和多样性。

3. 独特性

独特性指的是在个体在发散思维中能够产生新异的别具一格的反应的能力。发散思维将独特性作为其最高目标。

4. 多感官性

发散性思维除了对听觉思维和视觉思维加以运用之外，也会对其他感官加以利用，从而能够接收更多的信息，并从更深层次上来加工信息。另外，发散思维和情感之间的联系也比较紧密，若是思维者能够有效提升兴趣，形成激情，让信息变得更加感性化，使其带有鲜明的感情色彩，那么发散思维的速度也会得到明显的提升。

（三）发散思维的作用

在创意思维结构之中，发散思维是不可或缺的组成要素之一，它的存在令创意思维活动具有明确的方向感，也就是说要从和传统的理论、观念、思想等不同的角度出发展开思维活动；从本质上来说，发散思维就是对传统理论、传统观念和传统思想等种种约束的突破。

1. 发散思维是创意思维的枢纽及核心

创意思维中存在着诸多的技巧性方法，其中有很多都和发散思维有着紧密的关联。发散思维使得个体不再始终运用线性逻辑展开思考，它令思维的原点能够和四面八方相连接。在这些顺畅的思维通道之中，创意思维得以自由驰骋。

2. 发散思维是创新的基础与保障

发散思维的重要作用在于为收敛思维提供多种解决问题的方案。这些方案并非全部正确或者有价值，但是它们要达到一定的数量。

（四）发散思维与收敛思维的关系

发散思维能够令人们的思路变得更加开阔，从而得到意想不到的灵感。这些在头脑中涌现出来的灵感和思路往往无法直接应用，而是需要经过选择、加工和修改之后才能得出最终的方案。因此方案的形成也离不开对收敛思维的应用。发散和收敛恰恰体现着全脑思维。

收敛思维又被称作求同思维、聚合思维、集中思维、辐集思维，指的是个体在对问题加以解决的时候，最大限度地应用自己头脑中的知识和经验，把众多的信息和解题的可能性逐步引导到条理化的逻辑序列中去，最终得出一个合乎逻辑规范的结论。

发散思维和收敛思维之间存在着一定的联系，但也有相异之处：

1. 两者有着相反的思维指向

发散思维往往将问题中心作为出发点，然后向四面八方逐渐扩散开来，其目的是使问题得到解决，因而它围绕问题展开，并力求找到更多的解决问题的途径和方法。而收敛思维的指向则恰恰相反，它从四面八方指向问题中心，为了令某个问题得到解决，从大量的信息、现象之中，朝着某个问题思考，根据已有的经验、知识或发散思维中针对问题的最好办法去得出最好的结论和最好的解决办法。

2. 两者发挥着不同的作用

发散思维可以被视作求异思维，它强调尽量扩展搜索的范围，要尽量考虑到所有的可能性。收敛思维则与之相反，它是一种求同思维，它将不同想法的精华汇总起来，从而全面、系统地来考量问题，为寻求某种应用价值最强的结果，而对所有的想法进行选取、梳理、综合、统一。

3. 两者之间是互补的

发散思维和收敛思维之间存在着密切的联系，两者之间是对立统一的。若是不用发散思维展开多方面的探索和信息收集，那么收敛思维就不存在加工材料，从而无法开展；与之相反，若是不运用收敛思维展开细致的加工和整理，那么即便发散思维得到众多的结果，也无法最终形成有价值的创新结果，从而沦为无意义的信息。唯有将这两种思维结合起来，加以灵活恰当地运用，才能顺利完成创新的过程。

发散性思维和收敛性思维除了在思维方向上具有互补关系之外，它们在思维操作的性质方面也存在着互补关系。从时间的角度来说，发散性思维和收敛性思维应当分离开来，也就是分阶段开展。若是同时运用这两种思维，那么就会令思维效率极大地降低。

二、提升发散思维的能力

（一）发散思维的方法

1. 一般方法

（1）材料发散法：将某个物品视作"材料"，并把它当作发散点，尽量多地想出它的用途。

（2）功能发散法：从某事物的功能出发，构想出获得该功能的各种可能性。有一次，在某地举行了一场别开生面的时装表演，一些平常被人们遗弃的垃圾，成了这次时装表演的主要原材料：用旧报纸、画报做的衣衫；用易拉罐做的衣裙的饰物；用旧光碟做的头饰等应有尽有，让人深切地感受到了什么才是真正的变废为宝。从发散思维的角度出发，没有废料一说。因为借助于功能发散，可以变废为宝，使一切废物得到利用。

（3）结构发散法：以某事物的结构为发散点，设想出利用该结构的各种可能性。

（4）形态发散法：以事物的形态为发散点，设想出利用某种形态的各种可能性。

（5）组合发散法：以某一事物为发散点，尽可能多地把它与别的事物进行组合，以形成新事物。

（6）方法发散法：以某种方法为发散点，设想出利用方法的各种可能性。

（7）因果发散法：以某个事物发展的结果为发散点，推测出造成该结果的各种原因，或者由原因推测出可能产生的各种结果。

2. 假设推测法

不管假设的问题是随意选择的还是限定的，它涉及的都应是和实际相反的情况，是在当前阶段不存在的或者是暂时无法成为现实的事物对象和状态。

通常借助假设推测法所获得的观念是荒谬且脱离现实情况的，但其中的部分观念在经过合理的转换之后，就能够变为有价值且合乎实际的思想。

3. 集体发散思维

发散思维不仅需要用上我们自己的全部大脑，有时候还需要用上我们身边的无限资源，集思广益。集体发散思维可以采取不同的形式，如我们常常戏称的"诸葛亮会"。

（二）思维导图

1.思维导图的定义

思维导图，又被称作心智图，它是一种图形思维工具，能够将发散性思维清晰地表达出来。尽管它并不复杂，但是却十分有效，堪称革命性的思维工具。思维导图看起来与神经细胞十分相似，它们都是从单点出发，发散出许多条线。思维导图同时对图片和文字加以运用，它能够直观、形象地把不同主题之间的关系和层级呈现出来，把主题关键词与图像、颜色等建立记忆链接。思维导图能对左右脑的技能加以充分利用，利用记忆、阅读、思维的规律，协助人们在科学与艺术、逻辑与想象之间平衡发展，从而开启人类大脑的无限潜能。思维导图因此具有人类思维的强大功能。

思维导图能够直观地将放射性思考呈现出来。众所周知，人类大脑将放射性思考作为其自然思考方式，无论何种资料，在进入大脑之后都能够被当作思考中心，并且从该中心出发朝外发散，形成无数个关节点，我们能够将各个关节点都视作和中心主题的联结，每个联结又能够被视作另外的中心主题，并由之出发放散出更多关节点，令整体的结构看起来呈放射状，而这些关节的联结其实共同组成了人类个体的记忆，亦即个人数据库。

从出生开始，人类就在不断地丰富和累积着自身的数据库，拥有极强储存能力的大脑令很多资料得以不断积累起来。通过对思维导图的方法加以运用，不仅会令积累资料的量得到有效增加，而且还能够将不同的数据依照其关联进行分层分类，令资料的储存、管理、应用等变得愈加系统化，从而令大脑具有更高的运作效率。另外，思维导图能够令左右脑的功能充分地发挥出来，通过对图像、颜色、符码等多方面的运用，令人们记忆起来更加快速和方便，并在此基础上令个体的创造力得到有效提升。

思维导图以放射性思考模式为基础，除了提供一个正确而快速的学习方法与工具外，在创意的联想与收敛、项目企划、问题解决与分析、会议管理等方面，往往产生令人惊喜的效果。它是一种展现个人智力潜能极致的方法，将可提升思考技巧，大幅增强组织能力与创造能力。它与传统笔记法和学习法有量子跳跃式的差异，主要是因为它源自脑神经生理的学习互动模式，而且利用了人们生而具有的放射性思考能力和多感官学习特性。

2. 思维导图的优缺点

（1）思维导图的优点

①思维导图的单元是一个个关键字，而非是较长的句子，如此一来，其对意思的表达方式更加简洁，并且其扩展性也较强，有利于个体更好地进行联想活动。另外，思维导图通过发散结构来呈现，因而它对个体的发散性思维也具有一定的推动作用，举例来说，思维导图中尚未填入内容的线能够激发个体将其完成的欲望。

②在对思维进行表达的过程中，思维导图还运用到了图形。相较于具有固定意思的词语来说，图形更需要个体对其进行解读，而这无疑有利于个体发散思维的发展。借助某个关键词将其他关键词激发出来，之后再次衍生……另外，图示、色彩等也能够对个体的思维起到激发作用。

③思维导图还能够暂存思维。人类个体在对复杂事物进行思考的过程中，头脑中可能会涌现出大量想法，但是因为人的工作记忆能力存在着一定的限度，所以若是不及时通过恰当的方式把这些想法记录下来，它们可能就会在短时间内溜走，不会被个体的记忆所保存。而借助思维导图，个体就能在想法和灵感涌现的时候灵活地将其记录下来，因此，通常在做完思维导图之后，个体会惊讶地发现自己的想法原来如此丰富多样。

（2）思维导图的缺点

①若是从系统思维的要求来说，思维导图这个思维工具并不十分理想。之所以这样说，是因为表面看思维导图是放射性的大网，但若是把枝叶全部垂下来，就可以知道它仅仅是树形结构。但实际上，很多系统的结构都比树形结构复杂得多，并且很多系统是由许多基本结构组合而成的，因此复杂程度可想而知。所以，若是对于所有的系统我们都使用思维导图，那么我们就有可能简化和曲解了原本的系统。

②思维导图的广泛运用使得一些人会产生这样一种观点：系统分析是可控的、简单的过程，不用耗费过多精力就能够剖析清楚复杂的问题。这种观点无疑是错误的。持有此种观点的人往往没有充分意识到系统的复杂性，没有认识到系统思维的艰巨性，因而他们在开展思维活动时会慢慢形成浅尝辄止的思维习惯。

3. 思维导图的画法

（1）将白纸中心作为画的起点，纸张大小取决于将要记录内容的多少。

（2）运用图画或图像将中心思想表运出来。

（3）把首个分支画在纸张右上角的位置，其后按照顺时针的方向依次画出后续的分支。

（4）用一根曲线将中心图像和主要分支连接起来（注意曲线应尽量平滑，并且要有粗细之分，中心一侧应当用稍粗的曲线，分支一侧则应当用稍细的曲线），之后再把主要分支和二级分支连接起来，以此类推。

（5）绘制思维导图的时候尽量用不同颜色的笔画不同的分支。

（6）在每条曲线上应当尽量将关键词标注出来。

（7）在绘图的整个过程中都要尽量对图形加以使用，并确保所画的图形是合理且恰当的。

4. 画思维导图的注意事项

①中央图必须要有，次主题的个数应当保持在 3 ~ 7 个的范围内；

②尽量使用色彩丰富的图形；

③中央图形所使用的颜色应不少于三种；

④图形应当展现一定的层次，能够对 3D 图加以使用；

⑤线条、字体、图形不要过于单调，可加以丰富变化。

第三节 挖掘思维潜力

一、创意思维与创新方法

起初人类广泛使用的创新方法是试错法。在获取到理想答案之前，人们往往要尝试很多错误和失败。而试错的次数往往是由设计者自身的经验储备和知识水平所决定的。所谓创新是少数天才的工作，正是试错法的经验之谈。选择是否有效通常是由任务的复杂程度所决定的，因此能够用试验的次数来确定其难度，而为了最终使问题得到解决，开展这些试验自然是不可避免的。通过发明史我们可以知道，该数字有着相当大的浮动范围，难度较低的任务往往需要做几十次试验，而复杂程度较高的任务则有可能需要人们做几十万次的试验。试错法在尝试 10 种、20 种方案时是非常有效的，而若是要对复杂任务加以解决，那么毫无疑问，它会令人们大量的时间和精力被浪费。

长期以来，人们为了令复杂问题得到合理、有效的解决，通过不断的创新实践提出了很多发明方法，例如头脑风暴法、提问法、问题列举法、组合法、信息交合法、形态分析法、联想法、移植法、逆向法、提升与降低价值法、焦点客体法、六项思考帽等。这些方法有的是直接引导思维的，有的是基于质量管理的，有的是基于需求转化的，有的是应用于技术发明的。下面对创新方法与创意思维之间的关系展开详细论述。

（一）用创新方法引导创意思维

思维需要有科学的方法，方法可以决定思维的方式，提供思维的路线，提高思维的效率和质量。例如，六项思考帽提供了平行思考的方法，在团队创新过程中可以约束参与者在同一时间内以相同思维方式进行思考，从而有效避免争论，提高思维效率；TRIZ 基于进化论和辩证法提供了一系列解决技术问题的工具和方法，在解决问题之初，就应用理想化的方法确定最终理想解，使解决方法朝着正确的目标方向前进以避免盲目性，而后通过矛盾分析找到通向理想解的障碍，确定原理解，最后通过资源分析找到解决问题的最佳方法。

（二）用创意思维驾驭创新方法

在整个创新过程中，思维占主导地位，而创新方法、工具起着辅助思维的作用。例如，头脑风暴法可以辅助使用者进行集体的"胡思乱想"以充分激发想象力和思路，而思考的方向、想法的产生还是依靠参与者的思维；九屏幕法（来源于 TRIZ）可以帮助使用者在时间维度和空间维度上建立对事物的全面认识，但如果没有进化的、动态的、形象的创意思维驾驭其应用过程和路线，则很难达到预期效果。

二、个体创意思维能力的开发

人类大脑的潜力可以说是无穷的，但要想将这种潜力充分地发挥出来，就必须正确使用我们的大脑。个体应从心态上始终保持自信、健康，对创意思维的本质加以深入思考，并灵活掌握和应用科学的思维方法，不断开拓自身的敏锐思维，如此一来，个体才有可能获得更多的灵感，才能逐渐显现出别具一格的"天赋"。

（一）保持乐观自信的态度

充满自信的课题往往能够摆脱平庸，创造属于自己的辉煌成绩。自信并非与狂妄和骄傲对等，它是个体在正确认识自我的基础上所形成的一种积极心态，它源自个体对自身优势的发挥和对自身短处的弥补，源自不畏失败取得成功的经验。

1. 正确对待自身短处

再完美的个体都定然存在着不足之处，在自我认知方面也存在着一定的误区。个体应当对自身的短处进行客观、科学的分析，并以正确的态度对待自身的不足，切忌因为自己的不足而令自己变得自卑。

2. 积极探索自身优势

每个个体都具有一定的优点和长处，而这些优点和长处恰恰是令个体优于他人的地方。个体应当积极发掘和探索自身的优势，并在此基础上逐渐树立和增强自信心。

3. 保持乐观自信心态

一个自信的个体往往确信自身的力量，相信自己定然能成就某事，相信自己定然能够达成既定目标。自信往往是在一次次的成功经历中逐渐构建起来的。若是个体缺乏自信，那么他通常会神情呆滞、愁眉苦脸，而乐观自信的人则往往目光迥异，光芒四射。因此，要学会自我激励，培养自己乐观自信的态度，要能够直面压力和挫折。另外，应当指出的是，自信的根基是个体对自我的正确认知，并且自信应当保持在一定的程度内，过度自信往往就会令人变得骄傲和狂妄，这无疑不利于个体的健康成长。

4. 发挥心理暗示力量

个体除了要始终保持乐观自信的态度之外，还要时常给予自己正向的心理暗示，令正向的信念和思维方式真正进入到个体的潜意识中。通过很多科学实验结果可以知道，多给予自己正面暗示更有利于个体走向成功，而负面的心理暗示则会给个体成功造成一定的阻碍。

个体应当学会重复，对某种思想进行多次重复就会逐渐形成信念，并且重复会令这种信念变得更加稳固。重复能够简化问题，令个体具有更加敏锐的鉴别能力和第六感，同时也能够让潜意识工作具有更高的精准度。由此一来，个体在开展工作的过程中就更容易做出卓越的成绩。通过科学研究可以知道，我们的潜意识只能在同一时间内主导一种感觉，用一个积极正面的思想反复地灌输给大脑中的潜意识，原来的思想就会慢慢地衰弱、萎缩，新的思想就会占上风。

（二）激发内在潜能

激发个体内在潜能的方法有多种，这里仅对脑力开发的相关主要因素进行阐释。

1. 重视非智力因素

非智力因素指人在智慧活动中，不直接参与认知过程的心理因素，包括需要、兴趣、动机、情感、意志、性格等方面。前面所述的乐观自信就是非智力因素。从整体看，非智力因素具有五大品质：自觉性、主动性、积极性、独立性与创造性。自觉性是意识的基本品质之一；主动性是以动机为心理机制的；积极性以兴趣、情感和意志为心理机制，独立性是性格的一项基本品质；创造性既是智力因素的品质，也是非智力因素的品质，只有当两者综合在一起，才会有真正的创造性。在开发智力、培养思维能力过程中，非智力因素往往会被忽视，这是不正确的。

适当的体育锻炼有利于激发个体的脑力。从重量的角度来说，大脑的重量仅仅占据体重的 2% ~ 3%，但它的需氧量却高达 20%，在用脑过程中则达到了 32% 的需氧量。唯有适度开展体育锻炼，个体才能够提升自身的心肺功能，为身体提供更多的氧。但应当注意的是，个体要保证运动的均衡性，切实做到动静相宜。

2. 提升智力因素

我们能够将智力视为个体种种认知能力的综合，其中较为关键的当属解决问题能力、学习能力、抽象思维能力、环境适应能力等。智力因素通常包括记忆力、观察力、思维力、注意力、想象力等，即认知能力的总和。其中思维力是指人脑对客观事物间接的、概括的反映能力，主要指抽象思维能力，是智力的核心。

个体若要实现创新必然离不开智力的支撑和支持：记忆力使得个体能够储备相关的知识理论和经验；观察力则有助于个体发现问题，并对问题展开分析和探索；注意力则确保个体能够予以长期持续的关注；创意思维是发散的、形象的、天马行空的，而思维的结果，或是创新方案的形成却是向抽象逻辑思维收敛的。

3. 激发右脑功能

人类的左脑和右脑有着不同的分工，其中左脑更擅长抽象思维，而右脑则更擅长形象思维。右脑具有极强的创新能力。人脑记忆通常是将情景以图像等方式储存在右脑之中。信息也一般是像电影胶片一样以图画、形象的形式储存在右脑中的。而人类的思考过程，往往指的是左脑对右脑所呈现的图像进行观察，并将这些图像转换成语言和符号的具体过程。因此从这个角度来说，左脑的工具性比较突出，它的作用在于把右脑的形象思维转化成语言。人类个体可以通过种种锻炼方式来活化自己的右脑。锻炼右脑的方法十分多元，例如听音乐、参加体育活动、经常活动手指等。

在使用右脑和进入右脑意识状态时我们可以使用如下公式：一是冥想；二是呼吸；三是想象。换而言之，在使用右脑之前，个体可以先尝试闭眼静心，之后做三次深呼吸，然后再展开想象活动。若是想象活动的开展再伴随着一定的音乐，那么效果会更加明显。其原因在于，当你只是自己想象的时候，会不知不觉在冥想时用语言告诉自己"放松、进入深层意识"等等，这样就动用了大脑的语言区，注意力容易分散。但是如果跟着暗示的诱导集中精神来听就可以了。这时语言区全部休息，听觉区开启，通往海马记忆的回路也被打通，这样就能够一直进入深层记忆。

4. 使用全脑思维

尽管我们已经知道人类的左、右大脑半球在功能上存在着一定的分工，但我们不能简单、绝对地将二者割裂开来。实际上，在人类大脑的两个半球之间存在着高速信息通道，该通道是由 2.5 亿条神经纤维组成的，它们彼此进行着海量信息的传递。虽然不同的大脑半球其"职责"存在着差异，但是它们在一切领域都发挥着作用，个体的所有心智神经活动必然会在整个大脑中散布，并且在两个大脑半球的彼此协同合作下做出最终的决策。

两个大脑半球之间除了位置上存在差异之外，它们的区别主要通过工作方式呈现出来。之所以注重对右脑的开发，是因为在长期接受教育的过程中，个体大多习惯运用理性思维来分析和思考问题，思维经验形成的惯性令个体始终沿着同样的思维方式对待问题，使得其想象力逐渐弱化。尽管这可能会对个体平时的生活和工作起到一定的促进作用，但是却不利于个体创意思维能力的提升。

第四节　搭建思维桥梁

宇宙中各事物之间的内在联系多种多样，却往往不被察觉。而未被察觉的原因，要么是人类认识存在一定的局限，要么是被人类思维所忽视。创意思维一个十分重要的特征就在于发现事物之间的联系。这种联系不仅存在于十分接近的事物之间，还可能存在于那些表面上看似并无任何关联的事物之间。而对那些"无关"事物之间所具有的内在联系展开探索，无疑有利于人们的创新。而要想把那些表面看起来没有关联的事物和思维对象联系起来，就离不开人们对联想思维的运用。

一、联想思维概述

（一）联想思维的含义

联想思维是指人脑记忆表象系统中，由于某种诱因导致不同表象之间发生联系的一种没有固定思维方向的自由思维活动，是由一个事物的概念、方法和形象想到另一事物的概念、方法和形象的心理活动。联想思维可以将两个或多个事物联系起来，由此及彼，由表及里，发现它们之间相似、相关或相反的属性，或隐藏在这些事物背后的规律性，并在此基础上产生新的想法或创意。

（二）联想思维的特点

1. 连续性

联想思维往往连续不断、由此及彼，它既能够是直接的，也能够是迂回的，有时处于联想链两端的事物表面上看起来可能风马牛不相及。

2. 形象性

联想思维是具体化了的形象思维，它将记忆表象作为基本的思维操作单元，也就是一幅幅画面。因此，和想象思维近似，联想思维也具有突出的生动性，有着十分鲜明的形象。

3. 概括性

联想思维能够将联想思维结果迅速地呈现给联想者，而不会对其细节进行深入的考量，因此说它是整体把握的思维活动，其概括性较为突出。

（三）联想思维的作用

1. 在不同的思维对象间构建联系

借助联想人们能够迅速地探索到和问题对象具有关联的多种思维对象，通过探索这种内在联系，人们会更加顺利地获得解决问题的答案。

2. 为其他思维方法奠定重要基础

通常来说，联想思维无法直接生成创造性的全新形象，但应当指出的是，它能够为想象思维等能够创造新形象的思维方法奠定重要的基础。

3. 活化创新思维的活动空间

联想能够令人类大脑的活动变得更加活跃。联想思维具有触类旁通、由此及彼的特点，它往往能够令个体的思维变得更加开阔和深入，从而促使人们形成想象思维，甚至直接涌现出顿悟和灵感等。

4. 有利于信息的储存和检索

思维操作系统的一个重要功能就是依照特定规则将知识信息存储在信息存储系统，并在需要时将可能用到的信息从中搜索出来。联想思维就是思维操作系统的一种重要操作方式。

二、联想思维的类型

（一）相似联想

相似联想就是从某个现象或者事物出发，联想到和它的意义、性质或者形式等较为接近和相似的他种事物或者现象，并在此基础上形成新设想。

（二）接近联想

接近联想是在空间、时间等方面较为接近的事物之间展开联想，并由此生成新设想的一种思维方式。举例来说，一张桌子上同时放着一部手机和一支笔，它们从表面上开并不存在什么关联，但是从空间上看则相互接近，因此由它们生发的联想能够被称作空间接近联想。由此可能会出现下列思维结果：能够给手机充电的笔、能够作为手机无线 U 盘的笔、笔状的手机等。

（三）对比联想

对比联想又被称作相反联想，它指的是以事物间不同或相反的情况出发展开联想活动，从而生成新设想的一种思维方式。从思维习惯来说，人们通常会更多地看到正面，而没有充分地意识到反面，所以相反的联想能够有效地扩展联想的维度和空间，能够有效增强人类联想的创新性。

1. 从性质、属性的对立角度进行对比联想

由真想到假，由动想到静，由小想到大，等等。

2. 从优缺点角度进行对比联想

既要明确认识到长处、优势，又要想到不足之处、缺点；相反亦是。

3. 从结构颠倒角度进行对比联想

从空间考虑，前后、左右、上下、大小的结构，颠倒着进行联想。

4. 从物态变化角度进行对比联想

从物态变化角度进行对比联想即看到从一种状态变为另一种状态时，联想与之相反的变化。

（四）因果联想

由两个事物间的因果关系所形成的联想。

（五）连锁联想

连锁联想是根据事物之间这样或那样的联系，一环紧扣一环地进行联想，从而引发出新的设想的思维方式。

（六）自由联想

自由联想就是在看去没有任何联系相距甚远的事物之间形成联想，以引发出某种新设想的思维方式。

三、提高联想思维能力的方法

（一）焦点客体法

焦点客体法目的在于创造具有新本质特征的客体。主要做法是：将研究客体与偶然客体建立联想关系。

焦点客体法的工作程序：（1）确定我们要研究的焦点客体；（2）随机选取几个物体作为偶然客体；（3）分别写出这几个偶然客体的明显特征；（4）将以

上写出的每个特征分别与焦点客体结合，得到新的焦点客体；（5）分别根据每个新的焦点客体得到新的想法；（6）将以上新的想法进行合理的汇总得到新的焦点客体。用此方法解决问题，使用表格形式比较方便。

（二）类比法

类别法指的是将熟悉对象和陌生对象、把已知事物和位置事物放在一起展开比较，并由此得到某种启示从而令问题得以解决的办法。类比法又具体涵盖了如下几种方法：直接类比、仿生类比、因灵类比、对称类比等。

（三）移植法

移植法指的是将其他事物的结构、原理、材料、方法等移植到目前的研究对象中，从而促进新成果生成的一种思维方法。移植法具体涵盖了多种方法，例如方法移植、结构移植、原理移植、材料移植等。

第五节　倒转思维方向

通常情况下，大部分人往往惯于依照正向思维来思考和解决问题，也就是逻辑思维，通过既定的思考路线展开对问题的探索，此种思维方式让人们在面对平时生活和工作中的种种问题时都更加从容。但是，对于那些处于发展过程中且有创新需求的事物，若是仍旧沿用正向思维展开探索，那么就极难找到正确答案，而若是及时转换思维，可能会发现意外之喜。

前面我们提及了水平思维，通过联想、想象等思维方式达到发散的目的。水平思维是横向的，非逻辑的。我们还可以从与逻辑思维方向相反的方向进行思考，以获得不同寻常的解决问题的方法。

一、逆向思维概述

（一）逆向思维的含义

逆向思维又被称作反向思维。依照心理学研究可知，无论何种思维过程，其实都存在着一个和它相反的思维过程，在该互逆过程中，存在着正、逆思维的联结。逆向思维指的是与正向思维相反但是又与其存在着一定联系的思维过程，它从事物的方面出发来对问题展开思考和探索。应用此种思维方式来思考问题往往能够以创造性的方式来解决问题。

从本质上来说，正向思维和逆向思维二者是无法割裂开来的，它们对立统一。因此唯有将正向思维当作参照物，才可以让逆向思维的突破性得到更加鲜明的展现。应当指出的是，这里所说的逆向并非仅停留在表面，而是在探究事物本质的基础上，切切实实地从逆向中获得科学、独到的、全新的并且比正向效果更强的成果。

（二）逆向思维的特点

1. 广泛性

通常来说，逆向思维能够灵活地应用在多种活动和领域，因为世界上很多事物都遵循着对立统一规律，并且对立统一又通过多元形式呈现出来，一种对立统一形式往往就对应着一种逆向思维角度，由此可知，逆向思维的形式也是多元化的。举例来说，过程的彼此逆转，位置、结构的彼此转化，对立性质的彼此转变等。无论是什么方式，凡是能够从单个方面能够想到另外一个方面和它相对，那么就都能够归为逆向思维的范畴。

2. 批判性

逆向和正向是相对而言的两个概念，其中正向指的是符合常识、不违背常规的那些人们普遍认同的行动或者观念。而逆向思维则指的是那些违背常识和传统，不同于惯例的言行。逆向思维可以帮助人们不再运用思维惯性来思索问题，同时也能促使人们突破习惯、经验等的限制，不再始终停留在既有的僵化认识层面。

3. 创新性

尽管依照传统和惯性的思维来处理问题更加便捷和迅速，但长久如此，就会令人形成刻板、僵化的思维习惯，思索问题的角度也往往一成不变。但实际上，很多事物的特点和属性并非是单一的。受到自身既有知识和经验的禁锢，人们往往更加在意那些熟悉的事物和方面，而对事物的其他属性加以忽略。逆向思维能够引导人们走出这一思维"误区"，让人在探索问题时能够"另辟蹊径"，从而得到不同于以往的创造性答案。

二、逆向思维的类型

（一）反转型逆向思维

反转型逆向思维是指从已知事物的相反方向进行思考，产生发明构思的途径。

反转型逆向思维常常从事物的功能、结构、因果关系等方面作反向思维。它打破了线性思维的指向性，将其思维方向进行逆转和颠覆，以创立一种新的思考方向和化解问题的途径。

1. 原理逆向

原理逆向就是从事物原理的相反方向进行的思考。

2. 功能逆向

功能逆向就是按事物或产品现有的功能进行相反的思考。

3. 结构逆向

就是从已有事物的结构方式出发所进行的反向思考。如结构位置的颠倒、置换等。

4. 属性逆向

属性逆向就是从事物属性的相反方向所进行的思考。

5. 程序逆向或方向逆向

程序逆向或方向逆向就是颠倒已有事物的构成顺序、排列位置而进行的思考。

6. 观念逆向

观念不同，行为不同，收获不同。观念相同，行为相似，收获相同。

（二）转换型逆向思维

转换型逆向思维指的是个体在对问题进行探究的过程中，所使用的某种解决方法行不通时，转而采用其他解决方法，或者是从其他角度出发思考问题，从而妥善处理问题的一种思维方法。这种思维方法让人们不再固守思维教条，让人们勇敢地突破思维的传统。此种在不合理中寻觅合理的方式往往能够让人们更顺利地解决问题。

（三）缺点逆向思维

缺点逆向思维指的是明确事物的不足之处，并将这种不足转变为某种可利用的东西，从原本不利的、被动的地位转变为有利的、主动的地位的一种思维方法。此种思维方式能够将腐朽化作神奇，它不仅能够让现有资源得到最为充分的利用，还能够令解决问题的质量、水平等得到有效提升。它是特殊的思维模式，蕴含着特殊的智慧。应当指出的是，此种思维方法的目的并非是对事物的不足加以弥补或者克服，与之相反，它将事物的缺点转化成某种长处，并从该角度出发试图实现问题的解决。

三、培养逆向思维的途径

（一）辩证分析

正向思维和逆向思维是对矛盾的对立统一规律的反映。所以，在对问题展开探索时，我们可以把矛盾的对立面作为思考问题的重要角度。无论何种事物，从本质上来说都能够被称作矛盾的统一体，若是能够从矛盾的不同方面来进行逆向思维的思考，那么人们对事物的认识将变得更加全面。

（二）反向逆推

探讨某些命题的逆命题的真假。

（三）运用反证

反证法指的是把正向逻辑思维逆过来的一种过程，它很明显也归为逆向思维的范畴。运用反证法时，人们先设定那些违背事实结论的结果是正确的、成立的，然后由此结论出发推导出那些与原理、规律和事实相矛盾的结果，从而对原本的设定加以否定，从而更进一步证实了已知事实和结论的正确性。

（四）执果索因

改变解决问题时的惯用思路，从果到因，从答案到问题。多数人觉得，创新就是先明确问题，然后寻找答案。可以称为"形式为先，功能次之"。

第四章　设计中的创造性思维体验

第一节　实验中的创造性思维体验

一、创意预想与成品之间的差异

设计师在完成作品之后往往会产生这样的困惑：为什么实物和我的图纸有如此大的差别？为什么我的设计成果和最初的设想不同？为什么我的创意没有通过成品表达出来？实际上，这些都是创意预想和设计成品之间的差异问题，要想令这些问题得到妥善的解决，纸上谈兵是远远不够的，它需要设计者真正地对创意设计过程进行感受和体验。

艺术设计是一种创造性行为，它能够促使人类得到更好的生活质量，能够令人类在物质和精神双重层面的需求得到满足。对于艺术设计来说，两个重要环节就是构思和创作，构思是形成想法，属于概念层面，而制作则是对实际物品的创作，属于实践层面。所以，艺术设计不仅对创意十分关注，同时还十分注重对工艺制作技能的学习和应用。实践证明，唯有自己真正去体验和制作，才能从中获取经验、不断修正和完善，才能求取到更多的创意灵感。

设计师们大多有着突出的个性：他们思路开阔，具有鲜明是自我意识；他们渴求有一个自由的空间进行创作；他们更容易接受和学习新鲜事物……这些特性使得设计师们的作品具有突出的实验性、探索性。实验不但能够检验创意的可实施性，而且实验的随机性也将带给设计师更多的可能性与新创意。

实际上，动手制作除了对技术水平十分注重之外，还十分讲求内心的体验、感受和思考。恰如产品设计领域，不能简单地将其模型制作理解成模型的制作和实验，而是用熟练、间接的技巧把复杂的构想制作、建造成现实，注重整体的方法性以及个体的系统化体验。总的来说，动手和实验是促使人们产生创意的重要方法；也唯有对设计进行亲自验证，才能让最终的成品看起来和起初的创意构想更加接近，甚至比预期的更好。

二、认知：实验的艺术

人类文明史从本质上来说就是人类运用双手对大自然进行征服和改造的过程。在人类发展的过程中，几乎每个进步都离不开手，例如钻木取火、结绳记事等。而设计和艺术同样与手有着极大的关联。人类用手打制石器，从而为生存带来了极大的便利；用手在岩石上绘画，把原始生活通过图画的形式记录下来，这便是人类艺术的来源。从萌芽的阶段开始，设计和艺术就始终蕴含着鲜明的实验和探索精神，并注重通过动手的方式对生活和世界加以改变。如今，开启新的设计时代，也定然离不开一次又一次的探索和实验。实验使人们通过探索的方式对知识进行获取和检验的实践活动。相较于结果来说，实验更加注重过程，该过程又需要人们始终具有不放弃和积极探索的精神。

在设计领域，同样离不开这种"实验"精神，其原因在于实验除了能够对人们的创意进行验证，还能够让人们发现创意的其他可能性，让人们的思路变得更加开阔。"3M 公司与便利贴"的故事就是一个典型的例子。在 20 世纪 60 年代的时候，3M 公司的职员斯本瑟·斯维尔（Spencer Silver）博士想要发明出一种强黏性胶，但后来经过实验发现他所发明的胶黏性太弱了。当时大家都对此感到十分沮丧，但该公司的阿特·福瑞（Art Fry）却巧辟蹊径，认为这种黏性不大的胶却有着独特的用处——能够将书签固定在教堂赞美诗集中，避免它从书中掉落。因此，便利贴转变为了价值 10 亿美元的产品，极大地增加了 3M 公司的资产。目前，便利贴在人们的生活中得到了广泛的应用。

艺术设计的本质是发现和解决问题，通常实验会在解决问题的阶段进行。在该阶段，设计者会亲自动手展开制作，真正实验各种技术、工艺、材料等是否适宜结合，并在此过程中研究是不是有更多新的表现形式。在此种体验过程中又会随之出现一些新的灵感，此时艺术和设计都转化成了实验。我们可以将这些动手、实验、体验的一系列创意设计理念总结为——用手去思考。

（一）从做中学

包豪斯（Bauhaus）是世界上首所完全意义上的现代设计学校，它在艺术设计教学方面，十分注重体验性、启发性、领悟性，其教学和授课将"实验"作为一个重点，认为体验其实就意味着再创造。而对艺术作品进行体验，隐含的意思是要赋予作品内在的、有别于其他事物的生命。体验离不开动手，所以包豪斯提倡学生们进入作坊之中对不同的材料和方法加以感受和尝试，并从中明确自身的优势和长处，发现自己更喜欢、更适宜用何种表现手法进行表达，并通过实验的多变性、多种可能性、偶然性等来提升学生的探索能力、创造能力、发现能力等。

在包豪斯中，现代艺术的实验性不管是在课程中，还是在作坊教学中，都得到了不错的体现，而这无疑也彰显着该校一直以来所秉持的教育理念，即从做中学，通过动手去掌握专业技能、艺术技法等。对于设计创作来说，掌握全面、熟练的专业技能是不可或缺的。另外，技能并非是先天就有的，它需要人们付出时间和精力去练习和提升。

（二）从做中想

工匠和艺术家之间存在着极大的差别，工匠可能拥有高超的制作技巧和技能，但艺术家则需要在掌握技巧的同时进行思考和创新。艺术家和设计师通过实践能够掌握更多的方法和技能，又可以在动手的过程中对自身的设计进行反思，并由此生发出更多的创意和灵感。在该过程中，头脑中的抽象想法都化作可视化的形象，而思考的形象化则让创意变得更加快速和直接；与此同时，通过动手能够发现很多没有想到过的问题，并在处理诸多问题的过程中探寻新的方式和途径，从而获取更优质的成果。这种通过体验和实践展开创意思考的方式就被称作从做中想。

1. 原型思考

原型并非我们寻常所说的模型，我们可以将其解释成"先前的形式"，也就是艺术设计作品最终成形之前所展现出来的某种形式。一般来说，非最终成品都有着突出的实验性和探索性，通过它们设计师可以明确创意是否具有可行性，及时收集各方面的意见和建议等。设计师可以自主选择材料来构建原型，对于材料并没有固定的标准和要求，凡是能够迅速造型、有利于设计意图的表达即可，较为常见的材料之一就是"乐高"积木。它是一种塑胶材料的物体，这些积木大多是一些方块，方块的两端分别是凹孔和凸粒，把一个个的方块拼接起来可以形成无数种造型，所以人们又将其称作"魔术塑料积木"。"乐高"积木具有快速造型能力，并且能够反复拆卸，多次利用，所以很多设计师都选择使用它来制作原型。

2. 动手实验

将实验与艺术结合起来，艺术创作的可能性便又得到了进一步拓展。举例来说，迈尔斯·戴维斯（Miles Davis）等人在爵士乐中引入了"调式"的观念，此种行为也可以归为艺术实验的范畴。站在设计师的角度来说，设计和做实验有着极大的相似性，设计就是做材料的实验、形色的实验、结构的实验等。实验往往具有突出的可能性、随机性。

3. 亲身体验

人们在清晨的公园中散步，在树林中感受清新的空气；人们沿着旧街道慢行，在嘈杂的叫卖声中探寻幼时记忆；人们在房内舒适地闲聊，通过视线传递对彼此的关心……行为、视觉、声音、情感等等都是人们在生活中所得到的体验。恰如后现代主义者所注重的"回到人的身体"，在物质世界压力越来越大的今天，人们对自我和实践比以往更加重视，更注重生活体验所赋予人们的一切。设计领域也出现了类似的变化，即在设计方面更加重视体验。

日本的纳得工房受到很多设计师的喜爱。纳得工房是一个文化学术研究推进机构，其主要的研究对象是住宅，并且这里是对社会开放的。它被命名为"纳得"，其中"纳"指的是对用户提出的体验意见予以接纳，唯有如此，才可以"得"到更多设计方面的灵感。纳得工房的研究主旨是在知道、明白、理解的过程中，全方位地组织和建立对适合自身住宅的印象。从实际的尝试、操作、比较等各个角度来真实感受设计的重要和快乐。纳得工房的研究在很大程度上是围绕"手"展开的，主张手是人的第二大脑，认为若是手的活动缺失了，那么人们就丧失了很多亲身感悟、认知和体验的机会，很多思考也就无从产生，从而无法令心和脑得到更进一步的锻炼，艺术就很难进入更深的层次上。纳得工房的用户体验涵盖了多个方面的内容，例如洗涤、宠物、餐厅、清洁、入住者、沐浴、会客等。举例来说，他们曾经围绕"是否该在卫生间留出洗衣盆的位置"进行了讨论，尽管所得的答案是各种各样的，但是后来统计可知日本有 67% 的人主张把洗衣盆之类的搓洗衣物的地方设置在洗脸池旁边。因为虽然目前大部分家庭都购置了洗衣机，但是很多小物件要想彻底清洗干净仍旧需要用手搓洗，例如内衣、袜子、内裤等。所以相较于增设洗衣盆来说，在洗脸池旁边留出一个搓洗的位置更能够令用户的需求得到满足。

在纳得工房的研究中，几乎不存在臆断和推测，更多地凭借体验和数据来做出判断，其细致的研究令很多前去参观的人折服。举例来说，在对楼梯进行设计的过程中，他们针对同样的空间设计制作出了很多不同级数踏步转折的模型，对空间利用程度展开分析，参观者通过该研究就会明显的体会：很多时候那些十几厘米甚至几厘米的差别就能够令人的舒适感产生较大差异，有时仅仅少设计一个辅助把手就会令人感到不方便等等。另外，这里还有很多限制道具，参观者佩戴上这些道具就能够对不同的人进行模拟，例如残障人士、孕妇等。通过体验人们可以知道：唯有亲自体验过的事物才能留下深刻印象，体验既能够验证人们的设计想法，同时又能反过来激发人们生成更多的创意。

4. 团队合作

创意的生成离不开团队的力量，因为从构思到实验的整个过程中都需要多个人的团结协作，可以说团队合作是创意生成所需的一个重要根基。设计创意思维形成于团队之中，并在团队之中不断修正和发展，但是通常设计思维又处于群体思维的对立面。群体思维会给个人的创造力造成一定的阻碍和压制，而毫无疑问设计思维又始终追求创造力的爆发。但是在那些有才能、有创造力、积极乐观并且善于合作的个体组成团队后，则往往会出现意想不到的变化，所最终生成的结果也往往出乎意料。

在现代设计发展进步的过程中，设计方法也在不断更新和完善，设计合作成为当今人们广泛使用的一种形式，设计不再由个人完成，而是交由团队。并且随着设计具有越来越强的复杂性，设计团队的构成也变得更加多元，由此便出现了很多跨界团队。恰如景观设计团队，在开展项目之前就要想组建团队，而团队的成员往往来自不同的学科，例如园艺、工程、地质、机械等。

三、行动：从实验中来，到创意中去

（一）任务训练 1：光影印象

具体要求如下：

第一，把自身对光和影的影响通过实验表达出来，可以使用任何手法、任何材料。

第二，以光影为主题，进行头脑风暴，把创意草图快速绘制出来。

第三，用实物模型把草图方案制作出来。

（二）任务训练 2：随处可见的瓦楞纸

具体要求如下：

第一，对瓦楞纸的多种应用性展开探索，可以运用任何手法；举例来说，可以用瓦楞纸制作简单的飞机模型。

第二，围绕瓦楞纸的应用展开召开头脑风暴会议，把创意草图快速绘制出来。

第三，用实物模型把草图方案制作出来。

第二节　情景中的创造性思维体验

一、如何解读一件设计作品

人们在参观和欣赏艺术设计的作品时，心中往往会存在着以下疑问：该作品的内涵是什么？设计师想通过作品传达什么理念？我们要怎样对作品进行解读？……其实很多人都存在这样的问题，不知该如何正确地解读作品。

实际上，很多设计作品都可能隐藏着一段有趣的故事，并且很多设计师的设计哲学也饶有趣味，唯有了解了这些设计哲学和背后的故事，观众才能更深入地了解作品，弄清楚设计者想要传递的理念。所以，对设计作品进行解读的过程中，关键在于人们是否可以透过形式把握文化脉络，了解作品设计故事，并最终把握设计者的创作意图。简单来说，就是受众是不是能够成功地把自己带入设计者所创造出来的情感故事当中。

宫崎骏先生是日本的一位动漫大师，他出品的动漫电影有着独特的风格：故事温暖、技术精湛，并且多涉及女权、和平、人与自然等主题。很多观众在观赏他的电影之后都觉得理解起来有一定的难度，但着实耐人寻味。举例来说，《千与千寻》这部动漫是他的一个代表作品，讲述了一个小女孩穿越来到灵异世界并最终完成自我救赎的故事。若是观众对宫崎骏没有一定的了解，对影片的时代背景和文化背景知之甚少，那么就很难把握这部动漫电影所传达的真正内涵。作为一部高度隐喻作品，它是献给新世纪的，目的在于为日本人找到归属：在动漫中，白龙实际上是对日美战后关系、日本和亚洲各国家的历史旧债等的象征；无脸男的贪婪和焦灼则代表当时金融资本正在逐步弱化匠人精神；千寻的父母过度摄取食物从而变成了猪，其实意味着对消费主义的否定和批判；千寻凭借自身的勤劳和诚实实现了自我救赎，同时也帮助他人实现了救赎。通过电影，可以明白宫崎骏先生对日本的未来有一代抱有强烈期待，希望国家外交回归良好状态，并且期待日本回归匠人社会。

因此我们能够知道，只有沉浸在设计者所创造的故事之中，对设计情境进行感受，才能够对作品的内在含义产生更加深入的了解；与之相反，设计者也能够对情境加以充分利用，借此来探寻更多的创意，吸引受众的注意和认同。设计者借助情境和故事可以更好地实现意图和情感的传达，能够让受众通过它们更加迅速、准确地感知到设计者的内在想法。而这种设计方法就被称作情境故事法。

二、认知：情境故事法

故事由来已久，是人们普遍使用的一种叙事方法。我们运用故事的形式对事件的发展过程进行描述，并且在听完故事之后和他人交流自己的感受。一般来说，一个优质的故事能够让听众认同和接受它所传达的主题和观念，并与自身经历等结合起来，从情感的层面与故事形成公民。由此，可以说做设计和说故事有着很大的相通之处，它们的一个重要目的就是引发受众共鸣，让受众通过观赏设计作品的形式，在脑海中浮现以前的种种人生经历和情感，并且真正从内心感受到设计者在努力地令他们的需求得到满足。

无论是在购买还是在使用产品时，消费者其实也在不断地定位着自我角色，他们将自己代入故事之中，把产品和情境都视作故事的组成部分。这样不仅能够令消费者的需求得到满足，还能够让他们在情感层面产生一定的满足感。

总的来说，生活就是由一系列故事组成的，对生活情境展开深入观察，发现在生活中不同物品所扮演的角色，对使用产品的具体情境进行设计，可能会让设计者的头脑中涌现出更多温暖的创意。

（一）情境故事法的概念

情境故事法就是讲述故事，创设出某种情境，塑造贴心设计。传统的设计主要是围绕"设计者"展开的，设计者通过明确物与物的关系设计功能性的产品，而没有充分认识到对于"设计"方面，设计者和使用者其实有着不同的认知。在进行设计开发的时候，情境故事法指的是设计者运用故事在承载自己的设计创意，其中涵盖了事件、使用者的特性、物和环境的关系等诸多方面，通过对使用情境进行设计和模拟，来对人和产品的互动关系展开探究。

运用情境故事法展开设计，设计师能够对自身所得到的观察信息进行整合，并将自己独特的体验和感悟当作产生设计创意的重要根据。另外，从不同使用者的特性出发所设计出来的情境故事，能够让设计师站在不同用户的角度，去思索不同的受众会如何对产品进行使用，使用方式存在着何种差异。所以，情境故事法不仅能够让设计师借助虚拟的情境将自己独特的创意呈现出来，还能够让设计师更加"务实"，从实际情况出发看其创意是否具有一定的可行性。概括来说，情境故事法就是一个以想象故事及使用情境观察，在设计开发过程中进行情景模拟的创意方法。

另外，运用情境故事法来展现设计创意，塑造出一个个鲜明生动的故事人物和故事场景，这就令设计系统中的诸多元素都具备了突出的人格化和具象化特征，借助人格化的角色来对设计加以引导，那么最终所呈现的设计成品无疑也具有突出的情感和个性特征，从而能够更好地引发受众共鸣；另外，情境故事法实现了故事创作和艺术设计的联结，说明了设计学科的边缘性和交叉性。情境故事法令设计方法不再如以往那般晦涩、枯燥，它令设计过程更加有趣且富有诗意和情感。

（二）情境故事法的应用

情境故事法最早是从观察使用信息产品的情境开始的，然后被应用到人机互动领域。情境故事法兼具研究、分析、想象、创作与沟通之功能，如今它在不同行业的设计中得到了普遍应用。

通过情境故事法，设计师对"用户故事"展开充分的观察和体验，去为一个物品设计和讲述"情感故事"，并塑造出特定的使用情境，借此来实现和受众的心灵沟通。在为物品设计情感故事的过程中，适当地应用文化因子更能够实现和用户的共鸣，让现代情境和传统文化结合起来，往往能够产生意想不到、震撼心灵的效果。

（三）情境故事法的设计步骤

在设计时，设计师运用情境故事法在脑海中想象用户们会在何种情境下使用产品，并逐渐在头脑中将此种情境描绘下来，恰如设计师在对未来发生的画面进行拍照，毫无疑问，在故事中，情境画面包含着诸多因素，例如地点、人物、活动、时间等。设计师通过"快照"来提取情境中各个不同时间、不同场景的分镜头，分析"人—境—物—活动"之间的互动关系，来引导设计开发人员从用户使用情境的角度，通过人、环境、事件来发掘"物"的故事构想，评断构想是否符合设计主题，从而进行改良与创新。我们可以将情境故事法的整个设计流程划分为四个阶段。

1. 观察采集

在该阶段，设计者要对诸多生活细节加以观察和采集。设计者应当对用户的个性特征、需求、欲望等加以把握，也就是说要挖掘部分潜在用户，并明确他们具有何种想法和需求。要想令故事更加完整，就要收集充分的资料和信息，因此设计师从主题出发从宏观和微观层面对使用者展开细致的观察，这是运用情境故事法获取创意的首要步骤。唯有设计师对用户故事把握得更加深入和充分，更全面地和用户展开交流，所最终设计出来的产品才能更加人性化，更受使用者的欢迎。

2. 创造情景

通过前期观察，设计师更加明确了人和产品之间是如何互动的，以此为基础设计师可以向问题中心迈进，之后设计师需要重点考虑的就是怎样把人类的期望、行为等融入设计创意之中。在该阶段，借助情境故事法，设计者能够更好地对处于情境中的地点、角色、时间、事件等进行设定。此时可以使用快照的方法将不同地点和时间下产品和使用者发生关联的分镜头进行收集和评估，将它们作为样本。

3. 设定故事

在前期工作做完之后，设计师可以对情境故事中的细节内容进行填充。此时设计师的身份更像是一个导演，需要对进一步细致地对情境故事展开描述，需要对"人—境—物—活动"的互动关系展开提取和分析，借助各场景分镜头来对用户使用产品中遇到的阻碍进行探索，并提出妥善解决这些问题的方法，从而实现一定的创新和完善。

4. 创意设计

在该阶段，设计师又化身为"后期剪辑师"，需要把前期积累和制作的大量素材进行组接和取舍，并将其"剪辑"成一个具有艺术性的、有明确含义的完整作品。在该阶段，设计师需要整合一切创意相关因素，例如用户满意度、审美、安全性、生产力、外部环境等，并进一步提取出与用户需求最为符合的创意，明确设计方案，之后对设计展开验证和评估，直至设计作品最终成型。

（四）情境故事法的表现形式

1996 年，西蒙·萨德（Simo Sade）在分析了交互设计时使用的各种方式之后，根据精炼级别列出情境故事法的各种表现形式，包括剧本、视觉化描述，如草图、绘画、故事板、用户界面地图、物理三维模型、纸质 UI 样板、交互 UI 样板和计算机建模等。其中，他认为剧本是设计程序中最能够与用户、情境和设计物品紧密结合的一种表现形式。

曾有一个团队为 MSN 设计了一个方案脚本，该脚本被用户评价为是最具创意的设计提案，该提案之所以能够获得这么高的评价，是因为它使用类似于真人漫画的形式呈现出来的。当客户在看提案的过程中，会将自己带入漫画故事之中，不自觉地回忆起过往使用类似产品的经历。从本质上来说，设计师是运用类似漫画的表现形式对产品的使用情境进行了创设，这种做法无疑能够迅速地让受众在情感层面产生共鸣。

所以，为了更好地获取用户的情感认同，情境故事法能够采用那些为人熟知的方式，例如图片、草图、漫画、图表等，让设计意图的表现更加深入浅出，让用户不用耗费心思就可以直接进入故事情境。使用较为普遍的一个方法就是将故事主角设定出来，通过漫画形式把产品使用情境表现出来，必要时还可加入部分关键词或者文字辅助说明。这些说明既能够是对创意特性的简单标注，也可以是对用户可能遇到的问题的解释，或者是对用户心理活动的模拟等，但从总体上来说，漫画应当将重点置于图片的表达上。

三、行动：从情境中来，到创意中去

（一）任务训练 1：巧克力熊的"化装舞会"

具体要求如下：

①以巧克力熊的形象为创作基础；

②通过改变，赋予巧克力熊以角色与性格。

（二）任务训练 2：设计创意牛奶宣传海报

具体要求如下：

①设计有创意的牛奶宣传海报，海报中要体现某种情境或者故事；

②制作完成后与其他同学分享；

③互相讲述海报中的创意故事或者创意情境。

第三节　约束中的创造性思维体验

一、设计中的约束

设计师在工作过程中难免会产生如下想法：为什么设计要受到这么多规则的限制？为什么创意没有充分的自由？为什么我们的想法要受到不懂设计的客户的制约？……归根结底，这些问题都具有一个中心点，即创意的自由度。

创意就意味着完全的自由吗？人们常常说创意就意味着要打破既定的规则，但实际上，生活中并没有完完全全的自由，生活中随处都存在着约束和规则。所以，对于设计者来说，要做的一项重要任务就是明确创意和约束之间究竟具有何种关系。

创意思维指的是借助具有创造性的思维活动去对事物的本质及其与其他事物的内在联系进行探索和揭示，引导人们从全新的角度来认识事物，从而生成一种全新的此前未有的思维成果。而设计约束主要指的是设计对象自身的一些限制条件，举例来说，无论展开何种设计，它们都在技术、功能、成本、工艺等方面存在着或多或少的限制，另外应当认识到，设计师自身的种种因素也对设计造成了某些限制，例如知识储备、文化背景、专业技能等。

从表面来看创意思维和设计约束是彼此独立、彼此制约的，但在某些情况下二者是能够彼此促进的，有时在约束条件的限定下，设计思维可能会获得出乎意料的结果。

二、认知：设计与约束

（一）设计约束

通常约束一般指的是为了不逾越某种范围而展开的有限制的管束，而这里所说的设计约束则具体是指设计变量间应满足的相互制约和相互依赖的关系。由此可知，设计是在受到诸多条件限制的情况下所展开的具有创造性的活动，从本质上来说，设计活动就是将有效约束提取出来构建起约束模型并在此基础上展开约束求解。设计约束包含着诸多类型，常见的有下列几种。

1. 客户约束

通常客户需求是设计的出发点。客户即那些存在需求而自身又无法令需求得到满足、令问题得到解决的人，所以他们当有需求时，会委托专业人员去开展工作。客户的需求可能源于多个方面，例如对现状的不满、所面临的市场压力等，当客户在把设计任务交到设计师手中时，往往会把自身的需求整理成一份设计任务书，而该文件无疑会限制着设计师的设计工作。但是应当指出的是，客户所提出的设计任务书往往是围绕自身利益设定的，并且其对约束的阐述可能并不十分清晰，有时甚至具有鲜明的客户个人色彩，此时设计师可能无法直接依照任务书展开实际的设计工作。在这种情况下，设计师就需要加强和客户之间的沟通交流，对设计书中的种种约束条件、限制条件等进行分析和调整。

2. 用户约束

尽管设计任务是由客户交给设计师的，但实际上，大部分客户并非设计成品的最终使用者。因此，从本质上来说，设计师并非是为客户展开设计活动，其设计目的应当是促使人们进一步提升生活质量，令用户的需求得到更好的满足。所以，为了更好地进行设计，设计者首先要对用户的各种现实需求加以把握，并在调查和预测这些需求的基础上对用户的约束条件加以整理和总结，在此基础上展开下一步的创意工作。用户约束指的是用户在行动、思维等诸多方面的情况会对设计工作带来一定的限制。例如用户的思维能力和行动能力会受到性别、年龄、经历、文化水平、健康程度等诸多方面的影响。

3. 法规约束

法规约束指的是设计活动要受到设计规范、条例、规程、设计标准等方面的管束和制约。在现代社会，设计得很多方面都要受到法规约束，例如建筑的能量消耗、电器产品的安全性等。通常政府会设置专门机构来监督各个行业的标准和法规，举例来说，建筑师要依照规划局、房产局、消防局等制定的要求来对自己的设计作品进行相应的改动和完善。实际上，法规约束的存在有利于更好地维护公众和社会的利益，但是不乏设计师认为始终按照各种法规来展开设计会令自己的创意思维受到一定制约。

4. 制造约束

制造约束指的是现实生产条件给设计工作所带来的限制。举例来说，工业设计师所面对的制造约束包括加工设备、材料工艺等；建筑设计师所面对的制造约束包括建筑材料、场地面积等；服装设计师面对的制造约束包括人体尺寸、服装面料、制作工艺等；多媒体设计师面对的制造约束包括拍摄设备、网络技术、传输设备等。实际上，设计师在初步构思的时候就要对制作方面可能面临的约束加以考量，确保自己的设计方案具有一定的可行性，并且及时将设计方案转交给制作人员，提前交流讨论方案是否符合制作条件，是否需要改动等。

5. 文化约束

文化约束指的是社会上普遍存在的社交准则、文化惯例给设计创意所带来的种种限制。文化行为准则以基模的形式存在于人们的头脑之中，对人们的行为有着突出的指导性。在特定情况下，基模则十分具体。社会科学家欧文·戈夫曼将那些对人类行为具有规范作用的社会因素称作框架，并且研究了该框架如何对人类行为加以控制。即便在陌生的文化或者环境中，若是有人对该框架进行有意地违背，就会迎来不好的结果。受地域、历史等诸多方面的影响，不同国家、不同地方的文化约束也是不同的。举例来说，在中国，龙是中华民族精神的重要代表，象征着高贵和神圣，但是在西方文化中，龙就被视作邪恶、贪婪的怪物，有着负面的寓意。所以，作为一名设计师，应当清晰地把握各种文化约束，否则就会让自己的设计作品出丑；另外，设计师也可以对文化惯例加以适当应用，实现对人文关怀和情感等的有效传达。

6. 生态约束

进入工业社会之后，生产力、科技等方面都得到了跨越式的发展，这些有效地推动了经济社会的发展，但与此同时也应该注意到，它们让能源、资源等更快地被消耗，从而在很大程度上破坏了地球的生态平衡。商业化的兴起令设计成为鼓吹消费的催化剂。在当今社会，各国开始更加注重环境保护和可持续发展，因此生态约束成为设计领域的一个趋势。起初，生态约束仅仅是在意识形态层面对设计师的伦理道德等加以限制，但如今很多国家都在法律法规中添加了生态约束方面的内容，借助规定来严格地限制设计作品中关于生态的内容。与生态约束相对应，在设计领域出现了一个和生态密切相关的思潮——生态设计，即将生态约束引入设计过程，对设计的环境属性加以突出考量，尽量在设计中降低能源损耗，避免给环境造成污染等。此种设计思想实际上体现了"自然本位"的理念，其中蕴含着现代设计师的社会责任心和道德观念。

7. 设计师约束

从设计师的角度来说，上述所提到的种种约束都属于客观的限定条件，需要设计师加以服从或者是协调，但与此同时，设计师主观方面的因素也是一个重要的约束条件。设计师是执行设计任务的主体，不同的设计师在理念、文化水平、思想、经历等方面存在着极大的差异。此外，很多设计师对自由十分注重，并且在工作过程中极为感性，其设计作品也具有鲜明的个人色彩。所以，在设计过程中，除了上述提到的各种客观约束，设计师主观能动性的发挥也成为潜在的一种设计约束。这种约束和设计师自身存在着极为紧密的关联，它让最终的设计成品都呈现出设计师突出的个人特征和主观意识。"设计师约束"也可以说是优劣并存的，它一方面让设计创意更具情感色彩和个性特征，另一方面如果设计师过度地在作品中展现自己的主观色彩和个人倾向，那么可能会让作品陷入"偏向性误区"。设计师往往期望进行突破客观约束的创造性设计，但这需要建立在良好的团队协作与设计师的自我认知基础之上。

（二）约束是创意的催化剂

艺术设计专业的教师可能会发现在学生中存在着这样的现象：若是给学生留有足够长的时间来准备作业，那么学生可能会到接近最后上交作业期限的时候才动手设计；而若是教师将任务时间缩短，让学生在两周甚至一周内就完成一个小的设计项目并上交，那么学生可能会尽快完成任务并且完整任务的质量较高。虽然这种现象并不总是绝对的，但是也能够看出外在的约束在一定程度上会给人们的创意设计工作起到促进作用。若是人们在设计之初就面临着一定的压力和约束，那么就可能会拥有更高的工作效率，并且可能在工作过程中收获更多的创意。

现实中存在着很多约束催生创意的例子。举例来说，英国的一个喜剧团体"巨蟒"小组在 1975 年的时候推出了《巨蟒与圣杯》这部电影。这部电影讲的是阿瑟王和圆桌骑士在得到上帝的指示后去找寻圣杯的故事。但是因为当时制作这部电影的经费较少，制作人员没有足够的钱支撑演员去学马术和租用马匹，但是他们并没有被寻找马匹的问题困住，而是灵活地转换思路，思考怎样能够对马蹄声进行模仿，通过模仿声音制造出理想中的电影效果，于是最终想到了用敲击椰子壳的方式对马蹄声进行模拟，从而省卓这方面的开销。另外，微博规定用户所发送的每条信息的字数要限定在 140 个字符以内，那么怎样在符合字数限制的同时吸引更多的人关注呢？这一问题实际上并没有给用户造成什么困扰，反而让用户开拓思路，积极发散联想，用更多有趣、简洁的表达方式来实现信息的传递。

在很多情况下，若是没有约束条件人们可能也就丧失了动力。我们可以这样介绍创造性的概念：在约束条件下通过独到的方式对问题进行解决的能力。所以，在开展创意思维训练的时候，应当受到一定的设计约束，唯有在这些合理的设计约束之下，设计者的创意思维能力才能得到更好的激发。约束就像催化剂，它推动着设计者开展更多的创新工作。

三、行动：从约束中来，到创意中去

（一）任务训练 1：建筑的支撑结构

具体要求如下：

①通过材料、造型与结构来表达你对建筑支撑的理解，手法不限，材料不限；

②进行材料与结构的实验与探索，并绘制创意草图；

③进行实物模型制作。

（二）任务训练 2：用瓦楞纸制作建筑模型

具体要求如下：

①以瓦楞纸为材料来制作一件建筑模型，确保该模型能够支撑足够的重量，手法不限，材料不限；

②材料越少，重量越轻，得分越高，并绘制创意草图；

③不准使用任何黏结剂。

第五章　观念艺术中的创造性思维

第一节　基于问题的观看与创造性思维方式

　　一直以来美术史家、艺术家以及所有艺术生产者都在讨论什么是艺术，也对此作出了许多不同阐述。从古至今，艺术的身份一直发生变化，判断是否为艺术，是否为好的艺术往往是通过某件实物来做判断，通过作品的形式、内容、材料、趣味性做出相应的推测，借助视觉层面来进行观看与评价。但对于杜尚而言，"艺术无处不在"，即便没有借用媒介呈现出来并不意味着不是艺术，优秀的作品需要语境，我们更多关注于结果，也因此对艺术的理解往往停留在结果，然而作品的创作过程和艺术家的态度以及作品的语境同样是极为重要的部分，也是容易被忽略的部分。艺术的重点不在于是否看到某件作品，在于是否引发思考，是否呈现意义。

　　艺术家博伊斯曾提出的"社会雕塑"以及"人人都是艺术家"理念也能帮助理解艺术的概念。"社会雕塑"的观念显然已经超出艺术史的课题，传统艺术虽然产生重要影响，但在当下却属于小范围，艺术应该着眼于多数人类，这就意味着人类学意义上的艺术概念形成。同时博伊斯认为教育、哲学、政治以及表演、宣讲、传道等行为都与艺术有相关性。但不是实现现实的艺术，而是解放创造力的艺术。这个概念并不是让每个人成为画家或雕塑家，而是使人具有能够加以发现和培养创造的能力，无论是在医学层面，教育层面，经济管理，法律等领域中都可以表现出来。博伊斯认为人的思想就是雕塑，是创造力的产物。通过两位艺术家的观点重新认识了艺术的概念，也由此可见好观点和优秀作品一样，没有时间限制，在任何时候都会给我们带来启发与思考。

　　霍金在其《大设计》中研究了人类如何去了解生命，了解宇宙万物。从另一个角度讲，未来的设计需要从宏观的角度定位研究，解决人类社会存在的问题。设计始终担负着一个重任：如何让人类变得更好、更幸福。

如何观看和思考艺术设计主要从三个角度进行分析，分别是基于问题的观看与创意思维方式；基于形式的观看与创意思维方式；基于系统的观看与创意思维方式。

第二节　基于问题的观看与创意思维方式

不论是艺术还是设计都有一个共同目的：发现和解决问题。其中，发现问题源于观看，如何观看决定如何思考，看什么、怎么看都会影响思维模式。1973年，迈克尔·克莱格·马丁创作了《一棵橡树》，作品是放在玻璃板上的一杯水，但作者却将一杯水转化成一棵橡树。一方面是因为其命名，为何定义为一杯水，为何不称呼为其他名字。另一方面，虽然看来只是一杯水，但实际可能包含任何东西，不同语境会带来不同理解，正如杯子放在美术馆或者放在餐桌上，就会产生完全不同的意义进而引发新的思考。

2015年米兰世博会的瑞士馆，是由五种特色食品塔楼组成，观者可以随意拿里面的食物，但在参展的六个月里不会再添加新的食品，塔楼会逐渐变空，支撑塔楼的平台也会降低，展馆的结构也会随之改变，从而激发观者对自身行为的反思；取的越多，留给他人就越少，在资源有限的情况下应该考虑到后人。所以很多人将自己拿走的东西放回原处，这就是提出问题并且解决问题的方式。同时要提到2010年世博会英国馆"种子圣殿"，它能为地球高度复杂的植物生命体保存活档案，以防最坏的事情发生。通过植物的多样性来提供人类面对气候变化的应变能力、创造能力和恢复能力。由此可见使命感和责任感始终是每一个设计师应该坚守的原则。

日本设计师原研哉曾为梅田医院设计导视系统，这个设计有三个特点：一是可拆卸，从制作完成至今已十几年，但每次翻新都可以保留内部材料，只对表面材料进行更换即可，翻新成本低，又能历久如新。二是可以清洗，布料制作的指示标识不仅柔软而且便于管理，一旦有重污就可以更换。三是材料十分人性化，作为妇产医院，考虑到孕妇在医院度过较长时间，所以医院需要营造温馨的气氛，因此选用布作为材料，可以减弱医院冰冷的感觉。设计不分大小，重要在于从人性化的角度，从人类真正需要的层面去设计。

意义不仅仅停留在所见事物上，通过所见事物进行联想与想象，才会产生更多可能性。例如艺术家朱莉安娜·尚塔桂斯·埃雷拉用彩色的棉线将路面破损处进行的填补，鲜艳的色彩和路面的灰暗形成鲜明对比，线的柔软和路面的坚硬形成极大反差，看似是填补行为，但行为背后却暗示其他含义，除视觉含义，还有对完美，对关怀等含义的表达。由此可见从形式到观念，从材料到视觉，都能带来很多的启发。

第三节　基于形式的观看与创意思维方式

形式与观念在很多方面是相辅相成的关系。通常而言，是从色彩、构图、材料等角度入手，本文主要从材料和媒介入手，材料也可称为媒介的一种，但媒介的范围更广，材料相对具体。在观看一件艺术品或是设计作品时，首先看到的是作品的形式，进而才会走进作品，看到作品的材料，而材料决定了作品的质感和形式。以下是关于日常材料当代性转化的案例。

艺术家王雷早期的作品是由卫生纸编制的时尚服装，卫生纸是生活中的常见品，但可以结合编织设计做出不同的作品。例如艺术家王雷用卫生纸连成线，然后慢慢编织与自己生活相关的衣服、帽子。还将整本辞海从有字的书变成无字的书，用时间编制时间，用记忆编织记忆，反复思考深刻的意义、平静的意义，通过作品去关注人类文化的复杂性。他选用不同颜色的纸，重新构出的形体与物品，不同形式、不同样式的现代人以及想象中的服装，进而获得观念的表达，作品的特点是舍弃了既定形式，尊重自我感觉，回到感性的原点，超越媒介自身。用作品表明艺术的观念可以通过简单的材料和艺术之手实现，对文化的直觉和对材料的直觉相通，再通过劳动的过程动体验构成艺术品。如何把普通的材料发挥到极致，是值得艺术家和设计师去思考的问题。

另外一位艺术家所用的媒介是医学中的缝补术，医生将缝纫运用到医学，让更多生命获得重生，成为救治生命的重要手段。荷兰艺术家托普丘奥卢将手中的命运之线缝合起来，手掌的每条线都有各自的意义，命运之线是天命的一部分，但却又把控在每个人的手中，当这条命运之线消失以后，人的命运又如何，艺术家通过这种方式展开对命运的思考。其次，缝补的材料除了医学用品，基本以布料皮料等软质材料为主，作者选择用命运线作为媒介的行为使人印象深刻，材料以及媒介的选择不同所产生的可能性也不同，但作为手段，最终还是要回归观念的表达。威姆·德尔瓦的作品《猪皮文身》，这个系列选用的材料是猪皮，但其做法与其他创作者不同，他在北京郊区重建一家养猪场，称为艺术农场，把这些猪慢慢养大，等到猪自然老死的时候再用猪皮文身。

他的创作不是为了获得关注或强调猪皮上的装饰性纹样，而是想通过这种材料的运用质疑艺术系统的界限和既定的秩序，以及社会的容忍尺度和价值观念。在猪身上刺青的行为必然会招致欧洲动物保护主义的强烈反对，但猪皮文身的背后反映了他对生命的态度，以及如何从根本上解决问题。这种材料最终会指向问题，而不仅仅是单一的材料运用。艺术家张冯峰的作品《身体里的风景》，结合的媒介是医学，作者将医学看作哲学。这件作品是将类似丙烯颜料的化学剂注入内脏器官中，在化学剂凝固以后再把器官放到腐蚀剂中腐蚀，最后剩下凝固的塑料化学剂。作品富有美感，而美丽的背后具有后工业时代的气质：艳丽、冰冷、简洁，还隐藏着暴力以及不可忽视的力量。同时反映出图像这种貌似科学的视觉方式其实是模仿真实世界的方式，由医学图像转换成艺术图像的时候，其意义不是变得更加清晰，而是变得更加游离。所以艺术家更愿意将科学看成一种炼金术。

2015 年在上海举办的展览《复活梵高》，展览中将梵高的油画通过镜头交切的方式呈现。3000 多个动态视频和照片一同交替呈现 19 世纪八九十年代梵高灵感出现的地点，投影的图像不仅呈现在前面和后面，还包括天花板，甚至脚下的地板，制造的视觉景观吸引了更多人观看，带来不同的观看体验。从艺术设计史发展的角度看，这种媒介无疑是视觉上的颠覆。

以上通过不同的案例阐释了不同的材料和不同的媒介如何影响艺术家和设计师的创作，以及在创作过程中应该如何带着问题去选择合适的媒介。

第四节　基于系统的观看与创意思维方式

如何整体地去观看与创作，主要从生命、时间、场域，这三点切入。从整体上对其进行把握，分析其对系统的观看与创作有哪些重要意义。

第一点：关于生命。如何正确地看待生命，如何正确理解生命的状态，不仅对艺术设计创作，对生活中的每一个人都非常重要。艺术家威廉在 1995 年创作作品《自画像》，威廉在被确诊患有老年痴呆症后，决定利用自己有限的时间和记忆进行创作，患病期间，他的世界开始变得扭曲和模糊，绘画作品中的许多细节慢慢消失，画作变得越来越抽象，他竭尽全力想要描绘自己的转变和心里的恐惧与悲伤，在面对生命变化的时刻，作者认为诚实地表达自己可以找到另外一种自我救赎的方式。

艺术家达明·赫斯特创作的《生者对死者无动于衷》，展示了一条被泡在福尔马林液中已经死去的虎鲨，除此之外，母牛、小牛犊、山羊、绵羊、斑马，甚至是怀孕的母牛和独角兽，都被切割成两半，呈现在封闭的水中。裸露的内脏呈现在观众面前，展现出暴力与死亡。生和死是两个相对的概念，对于生命的理解不可避免要涉及死亡的话题，赫斯特的作品都充满诡异，当看到沉浸在福尔马林液里被充分消毒的动物尸体，尽管形式上处理得简洁明净，但依旧会弥漫着浓烈的死亡气息。对于死亡象征性的思考一直延续到当代，达明·赫斯特大概是当代最鲜明地高举死亡旗帜进行创作的艺术家，并用这种方式阐释对生命的理解，从作品中会看到生命的悖论，肉身不腐与生命终结的矛盾以及生命与肉身的归属权和支配权到底是谁的问题。博伊斯 1964 年创作的作品《油脂椅》，这件作品和他的人生经历息息相关，曾经在坠机后有人用这种材料包裹他的身体，拯救他的性命，因此这种材料和他的生命联系起来，更具温度。所以创作者对任何材料的选择都需要考虑其必要性。另外一层含义，这件作品把一块丑陋不堪的油脂放在一张椅子上，随着时间与温度的变化油脂就会向下融化、坍塌，整个装置看似平凡而草率，但椅子代表的是标准化框架，代表社会陈规与文化习俗，而油脂则代表潜藏的可塑性与流动性，是生命力无限延伸的象征。博伊斯以油脂所散发的热能与可变的造型来比喻人类灵魂的可塑性，挖掘生命的个体能量和社会能量以及文化能量。通过这几个案例看出，每个创作者都从生命的主题出发，但对于生命的理解以及生命的经历都不相同，只有对生命有完整的认知时才能在观看和创作时抓住重要的问题来解读。

第二点：关于时间。小野洋子在 1964 年和 2003 年分别做了两次的行为作品《切片》，1964 年她坐在舞台中央，允许台下的陌生人拿起剪刀剪下她衣服上任何一小块，有些观众客气地剪下边角，有些则怀着隐秘心思剪断了胸衣的肩带，而洋子依然用平静的心情面对，绝不阻止他们的行为，这次表演小野洋子的心里充满愤怒。但在第二次表演《切片》时却充满着爱与悲悯之心，她说："来吧，剪下我的衣服，任何地方，每一个人剪下的面积不要大于张明信片，并将碎片送给你爱的人"。将自己变成表达的媒介，人们剪走的不仅是洋子衣服的布片，也是参与者内心的一部分，心里有什么你就会拿走什么，所以两个不同时间的行为作品，实际上映射了人在时间中的改变，生命过程就是时间过程，爱与恨也在时间中流变。

谢德庆的作品《做一年》，一共做了四次，分别用了四年的时间。第一次是在 1978 年到 1979 年，他将自己关在纽约寓所内的自制木笼中，一年不读、不写、不看、不听任何东西，只是单纯地吃喝让自己活下来。用这种方式将现代人的处境具体化、形象化，每个人都活在自己的笼子里，只是没有他那般明晰。第二次是在 1980 年到 1981 年，他规定自己每隔一小时打一次卡，一年有 365 天，365 天中他共计打卡 8760 次，说明他在一整年内没有一次一小时以上的睡眠，让时间成为折磨，又将人死死打住，不再是人过的时间，而是冰冷地从生命当中一刀一刀切过。第三次是在 1981 年到 1982 年，他在室外度过了一整年的生活，决不允许进入任何有遮盖的地方，让自己过得比纽约的流浪汉还要辛苦，再次说明时间的尺度对身体耐力的考验。第四次是在 1983 年到 1984 年，他和另外一个美国艺术家林达·蒙塔娜拴在一根八英尺长的绳子两头一起生活一年，一年当中不能相互触碰。洗澡、上网所时完全丧失任何隐私空间，演示结束时两人几乎到了相互仇视的地步，生动而透彻地揭露了现代人的人际关系。

第三点：关于场域。如何将封闭世界转变为开放世界，现代文化的场域问题正是建立在这个问题的基础上，艺术设计不再是对图像或作品的独立性观看，而需要建立在全球发展的语境中，从作品的创作语言、创作理念以及语境入手，意味着创作的环节不再是独立的语言叙述、意味着艺术家和设计师们需要整体把握艺术设计的场域，重新建构艺术设计的方式、方法。

当作品呈现在观众面前时，传统审美标准的评判可能已经失效，也不能用常规的工艺技巧来衡量，那么如何让观众理解创作传递的路径与价值，就必须通过场域的建构加以实现。对于当代艺术设计，人们普遍认为：当代就是顿悟的、活性的、动态的、觉察的、及时的、不断运动的、关注时尚的。《闪电的荒野》是德·玛利亚于 1977 年创作的作品，地点在西墨西哥荒原，林立 400 根钢棒等待避雷时间。避雷是一种自然现象，需要等到恰当的时机出现，此过程存在着不可知性和不确定性，通过确定的地点墨西哥荒原，特定的避雷时间，特定的天气，特定的观看方式才能形成《闪电的荒野》。所以这件作品不仅仅有空间、时间要素，场域的形成也起到了重要作用。